光明城
LUMINOUCITY

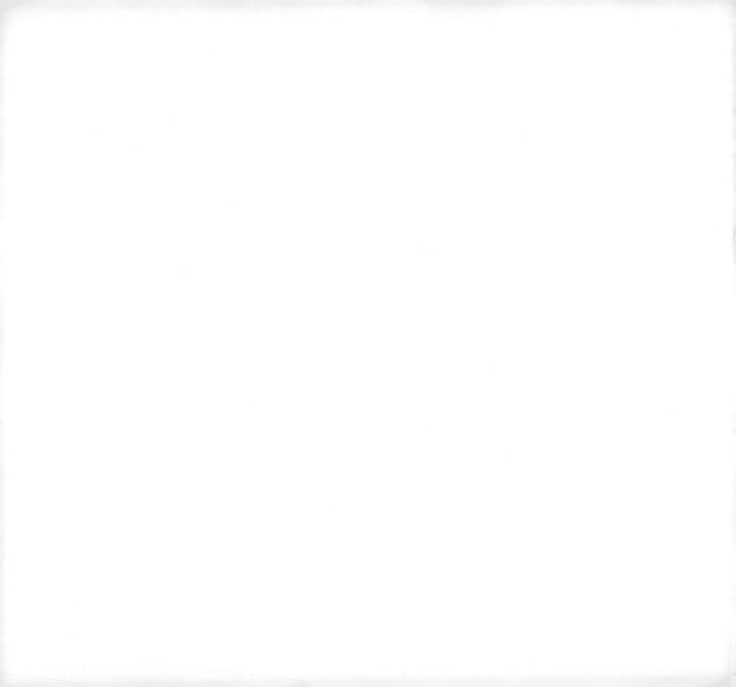

看见我们的未来

ARCHI-NEERING DESIGN 建筑结构创新工学

日本建筑学会 著

郭屹民 傅艺博 解文静 陆少波 张天昊 译

同济大学 出版社
TONGJI UNIVERSITY PRESS

序

建筑如同编织，我时常这样想。

技术自古以来就一直存在。在社会的联系尚未成形之际，人类就已经有了对美的向往。古代遗迹和世界遗产便是印证。人类的历史以技术为纵轴，以感性为横轴，编织出一块大布。自从人类在地球上诞生，技术的纵轴就从未中断，一边激发新的社会变迁，一边不断向前发展。变化的时代潮流，将个体的感性作为横轴与之纵横交织。

这两条轴，既可以称之为"结构"与"设计"，也可以认为是"实现力"（technology）和"想象力"（image）。

而最重要的是那些编织的交点，也就是技术与设计的相遇之处，两者会碰撞出怎样的火花呢？建筑师与工程师在各种各样的情况下合作，建筑师充满想象的设计是否同样有着合理的结构？结构师先进的技术又是怎样赋予设计以魅力？并不只有从设计到技术的单向进程，而更有着从技术到设计的另一种进程。这种双向进程才是我们现在应该重视的地方。

Archi-Neering Design，就是这两条轴，即结构设计与建筑设计融合、发展的结果。本次 AND 展览旨在揭示建筑设计与结构设计的关系，展示其发展的历史进程以及对未来建筑的启示。展览的主要内容是学生们制作的手工模型，主题是"用模型体验世界的建筑"。从古代的世界遗产到今日的话题建筑，从高新科技到身边的技术，剖析它们的结构，发现更多有趣的课题。不论是儿童还是建筑结构的专家，大家都能一同参加，一同思考，一同讨论，这是"未来的世界建筑的遗产"展览会。

有了 2011 年在国际建筑师大会东京大会上举办 AND 展览的基础与经验，在中国举办巡回展的梦想终于实现了。再加上中国学生制作的模型以及论坛的讨论，通过建筑搭建中日之间友好的新桥梁，我想这是更加可喜可贺的。在此，我对为本次展览提供帮助的各方人士，表示衷心的敬意与感谢。

日本大学名誉教授
日本建筑学会原会长（第 50 届）　**斋藤公男**

目录

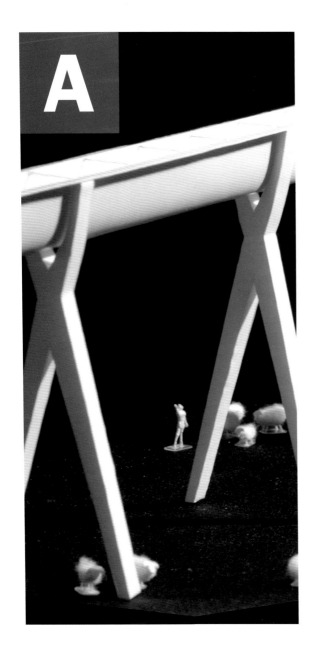

历史的漫步
History

在建筑、文明和文化的进程中，

材料是最重要的元素之一。

土、石、木、水泥，然后是铁，再到钢筋混凝土。

从人类意识到空间和建筑，到开始进行创造，

经过了无数的时间。

每个时代的人都曾挖掘出材料固有的潜力，

为了实现居住和城市的品质，

我们需要再次思考材料的作用。

在科学（力学）和工学并未十分发达的时代，

大量优美的建筑、城市和技术的结晶，

凝结了人类的思念、热情、创意和智慧。

那些人类的遗产中发现的 Archi-Neering Design 世界，

现在仍有着无尽的深意。

马丘比丘
Machu Picchu

秘鲁 库斯科 / 年代不详

© 斋藤公男

　　在海拔2 400米的遗迹西端，站在被原住民称为马丘比丘（老年峰）的位于山脊的高台上，"空中城市"和其周围的景色一览无余。山谷中湍急的乌鲁班巴河（Urubamba River）如同环绕巨大城市的护城河，眼前矗立的瓦纳比丘（青年峰）后面是绵延的安第斯山脉。

　　据推测这个城市有上千人的规模，但在挖掘出的173具尸骨中只有13副男性的尸骨。据说这座城市是为太阳的女儿阿古瓦建造的。供应城市独立运行的多功能水道设施，和建筑群中展现出的优美石造技术

让人惊讶不已。印加的石造技术受到高度评价，被称为"石造的魔术师"。但不可思议的是关于这种技术的记录相当少，另外的谜团是印加没有产生拱券和穹顶的拱结构。

　　这座面积5平方公里、"漂浮在空中"的城市，正是历史学家宾厄姆（Hiram Bingham）一直寻找的梦想中的印加帝国的城市比尔卡班巴。但是这个猜测后来被推翻了。这座 15世纪中叶建造、之后废弃了几百年的古代城市，在1983年以"秃鹰栖息地"被录为自然和文化双重世界遗产。

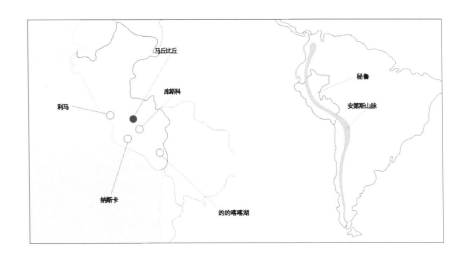

上图，从左至右：
- 神庙、监狱、宫殿、工地、住宅、集会所、广场、取水场、瞭望塔、门，还有在陡峭的悬崖边开拓的梯田，创造了与自然共生的独立城市。
- 1948年开通的海勒姆·宾厄姆路（Hiram Bingham Road）。600米之下流淌着发光的乌鲁班巴河。在谷底完全想象不到山顶上遗迹的存在。
- 山顶的泉水通过水渠和水沟引到农田和住宅前。水流最先供给最上层，再依次向下层流。应该是住得越高的人身份就越高贵吧。

马丘比丘

库斯科

利马

纳斯卡

的的喀喀湖

秘鲁

安第斯山脉

阿尔贝罗洛的特洛利石顶屋
The trulli of Alberobello

意大利 阿尔贝罗洛 /16 世纪中期

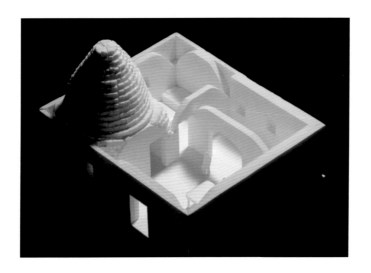

© 斎藤公男

　　直至现在，由于风土和地域性，以相同的做法建造住宅的现象随处可见。阿尔贝罗洛的石顶屋就是其中的代表。位于南意大利的一角，普利亚州的聚落在1966年即当选为世界文化遗产。在意大利语中，阿尔贝罗洛意为美丽的树。特洛利（trulli）意为一间房子和一个屋顶的组合，语源是拉丁语的"trulla"（小小的塔）。

　　16世纪中期，为了逃避家屋税，房子都没有梁柱，这样在查税的时候能简单地拆下屋顶，这才有了石顶屋的形式。从最初的40个小石顶屋发展到现在，数量已经超过了1 000。满眼望去均是白色的墙和黑色的圆锥形的尖帽子，形成如同山谷间树林般不可思议的梦幻场景。一架屋顶一间房子，成为这个石屋的组合，房间之间以幕布相隔，屋顶下用作仓库。墙壁有三层（每层厚80～200毫米），雨水通过墙壁的内部汇聚到地板下的水槽中。墙面以石灰泥饰面，从而遮蔽强烈的阳光。其材料是当地挖的石灰岩、石板状石片和碎石。

　　小石屋的内侧以托臂支撑穹顶。其原型是古希腊迈锡尼的古代遗迹——"阿特莱斯的宝库"。传说在公元前1600年至公元400年间，迈锡尼文明的一支渡过爱琴海来到此地，这才有了小石顶屋。

意大利

罗马

阿尔贝罗贝洛

希腊

麦锡尼

雅典

万神庙
Pantheon

意大利 罗马/125

© 斋藤公男

　　万神庙是罗马时代技术集大成者，也可说是后世各地建造的穹顶结构的原型。内部空间可容纳一个内径43.3 米的球体，结构的材料是以石灰和火山灰为主的著名的古罗马混凝土。

　　外观极为单纯但内部结构极其复杂。墙体内部的深洞嵌入厚柱和其间的壁龛，如此反复形成丰富的建筑空间。为了支撑上部的穹顶，圆周方向用砖砌成连续拱跨过壁龛。

　　混凝土穹顶的厚度为1.2～6.4米，由于穹顶下端会产生较大的侧推力，因此中央部分壁厚较厚，且以轻质材料砌成。周围七层逐渐缩小的圆环的重量与侧推力防止了柱的倾覆。

　　这个模型强调了墙体之间的连续拱和穹顶的构成，表现了从单纯的外观难以想象的内部空间和与之相应的结构。这个拱结构与圣玛利亚百花大教堂、圣索菲亚大教堂以相同的比例并置，可以直观地理解其形态的差异。

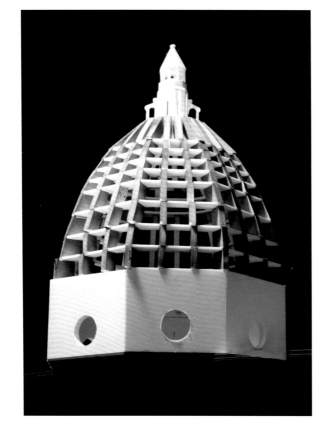

圣玛利亚百花大教堂
St.Maria del Fiore

意大利 佛罗伦萨 /1436
建筑设计 / 工程设计　菲利波·伯鲁乃涅斯基（Filippo Brunelleschi）

　　文艺复兴的代表建筑。作为佛罗伦萨象征的美丽穹顶，由砖石砌筑而成。

　　伯鲁乃涅斯基设计之始，建筑已然完成了55米高的八边形基座，由于基座太薄，不足以支撑太大的侧推力，同时高度太高，传统的临时支撑的穹顶施工方法几乎是不可能完成的。

　　伯鲁乃涅斯基研究参考了万神庙，最终决定将穹顶的形状变为尖塔状，从而减小侧推力和下部基座的面外弯矩。拱施工的最高高度可以达到120米而无需脚手架。穹顶是由格子状的肋连接轻薄的外壳和厚实的内壳而成的轻质双层壳体结构。砖以人字斜纹排列，从而增加强度。

　　这个模型是模拟当时的施工方法，不用任何的粘结剂，以肋组合上升成高尖塔形穹顶。

© 斋藤公男

19

圣索菲亚大教堂
St.Hagia Sophia

土耳其 伊斯坦布尔 /537
**建筑设计　伊西多特拉斯（Isidore of Miletus），安提莫
斯（Anthemius of Tralles，最初的穹顶）**

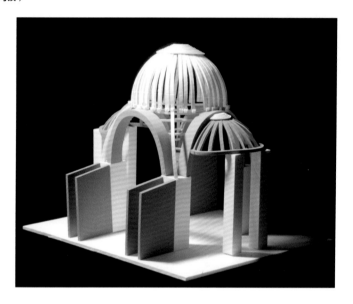

© 加藤史郎

与稳定而封闭的万神庙相对，长方形平面的圣索菲亚大教堂是由四根主柱和横跨其间的穹拱支撑的开放、流动的内部空间。因拱的侧推力的影响，历史上，大教堂多次因地震塌落而又被重新修复。教堂是由砖和石材组合建造而成。

设计试图让长边方向的拱产生的侧推力与两侧半球穹顶的侧推力平衡。实际上由于分界拱不平衡，可以看出发生了横向变形。推测其不平衡的力通过拱与拱之间的穹隅（pendentive）传递到主柱之上。短边方向由宽拱的面内弯曲刚性将侧推力传递到扶壁之上。推测在最早的塌落之后，穹顶被修建时比最初抬高了数米，从而降低了侧推力。

穹顶、拱和柱子之间的穹隅带来了开放性并因此造成稳定性的欠缺，这个模型很好地表现出了这种结构。

嘉德水道桥
Pont du Gard

法国 阿维尼翁 / BC 19
建筑设计 / 工程设计　马库斯 · 阿格里帕（Marcus Vipsanius Agrippa）

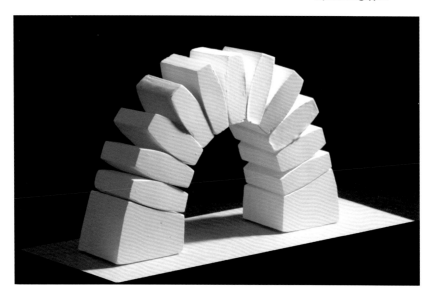

罗马时代不仅需要提供饮用水，还需要供给公共大浴场和城市清洁用水。如果没有充分的水资源，新的市政建筑就无法持续。水不仅要保量还要保质。为了将水从水源地引入城市，（罗马人）不惜修建很长的水道。

公元15年，在阿格里帕的指挥下，尼姆市的水道建设开始了。从北方的水源地到尼姆的直线距离是20公里而高差仅为17米。为适应地形，水道沿着等高线曲折绵延长达50公里，即坡度为每公里下降34厘米。只有具备了高超的测量技术和施工精度，坡道的建设才有可能。罗马人也确实掌握了这样的技术。因而水路跨越了加尔的山谷，通过倒虹吸原理以铅管做成暗渠。但水压带来的水密性问题难以保证，修理的问题也难以解决。

最终，水道桥做成了拱桥，跨过嘉德河。以石砌而成的三层拱，最上方的高度是49米。第一排的拱上方有矩形截面的水道，每天将2万～3万立方米的高品质的水运输至尼姆市。

© 斋藤公男

上图，从左至右：

• 这座桥是三层的拱桥，总长273米。各个拱的跨度在4.8~24.5米之间。三列或者四列各自独立，紧密相接的拱，组成了中间层和复数层的拱列。令人惊讶的是各列的拱没有使用任何连接件，完全靠紧密相接形成。此外，由于使用了移动式脚手架，施工量大幅减少。切石的两侧套上木制的车轮搬运，用滑轮起重机将它运到高处。只有1.2米宽的水道为了防水而用罗马水泥（roman cement）覆盖。水源的水含有石灰，为了

清除沉积的石灰质，每十年左右就要进行一次水道的清扫工作。直到公元405年水道还在使用。公元803年，水道桥被入侵的日耳曼人袭击而彻底地破坏了，尼姆城失去了权势。另一方面，中世纪的人早已厌倦了罗马人般的勤劳，所以后来他们理所当然对遗留下来的剧烈恶臭和污物产生了怨恨和抱怨。人们尝到了泉水的甜头，却放任水道干涸，置之不理。这座桥被法国桥梁专家再次发现，是1844年的事了。

• 塞哥维亚（Segovia）水道桥。

通润桥
Tsuujunnkyou

日本 熊本县上益城郡山都町／1854
建筑设计／工程设计　布田保之助，桥本勘五郎

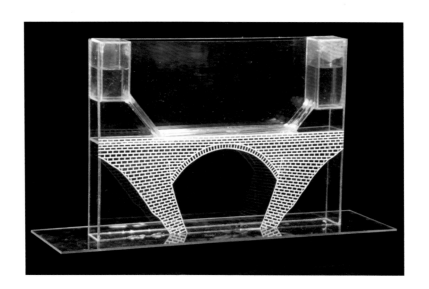

　　这是由阿苏山的熔岩形成的高原台地。因侵蚀作用形成的深谷给部落间的往来带来了极大的困难。特别是白丝台地八村，因有三条河流围绕而变成了孤岛般的丘陵，贫瘠的土地缺乏足够的水源和森林资源。

　　村长保之助是当地少见的实业家。跨过30米深的轰川，将水引入这片不毛之地是他多年的心愿。1851年，他从木匠的水准器中获得启示，发明了倒虹吸桥（水落差1.7米）。但随之而来的问题是石砌成的水管能否承受水的高压。在经历了各种失败的尝试之后，他使用装填火绳枪的"火术流星筒"的方法，在水管周边雕刻的井字形沟中填入日本传统的土藏（一种仓库建筑）建筑中的"八斗漆食"，通过这种施工方法终于成功了。

　　受保之助的委托，通润桥在种山组三兄弟的带领下开始施工了，并进行了锁石（铁的暗榫以企口咬合的方式连接一体化）的工艺和实验。共计6 000人历时一年零八个月，通润桥于1854年完工了。至此白丝台地的100公顷水田得以开始耕种。

© 斋藤公男

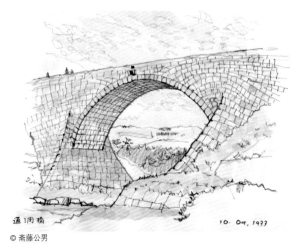

通潤橋

© 斋藤公男

10. Oct, 1977

通润桥

上图，从左至右：

- 石质导水管上雕刻的孔和沟。
- 地上的三条导水管。
- 熊本城中看到的"鞘石垣"技术在这里使用。

巴黎圣母院
Cathédrale Notre-Dame de Paris

法国 巴黎 /1345

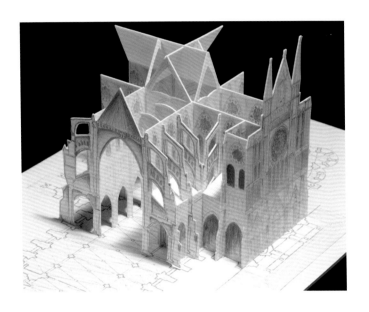

1150年到1300年间，法国爆发了教堂的建造潮。巴黎周边160公里以内建造了25个大教堂。历史上再也没有像哥特建筑这样急速扩张的建筑风格和历史现象了。为了不让人类失去强烈的信仰，和周围的世界相通，同时渴望被神所理解。哥特建筑正是这种新精神的反映。

穹顶（vault）是拱的连续形式。通常角部产生的侧推力的处理是最大的问题。一般来说需要厚重的墙来抵抗侧推力。光要通过墙壁是非常困难的。

哥特建筑解决了这个矛盾，多项技术的创新使建筑有了新的突破。这其中的关键是什么呢？

第一，飞扶壁。中庭天井的拱顶下方所必要的侧推力如同在高空中飞翔一般，传递至侧廊外侧的扶壁之上。外墙从支撑侧推力的重压下解放出来，光从而从高墙上的彩色玻璃倾斜而入；第二，外侧的小尖塔。在重力的作用下，尖塔使得侧推力方向转为向下，石砌的扶壁不会发生拉力，即所谓的"中间三等分"（middle third）原理。

© 斋藤公男

25

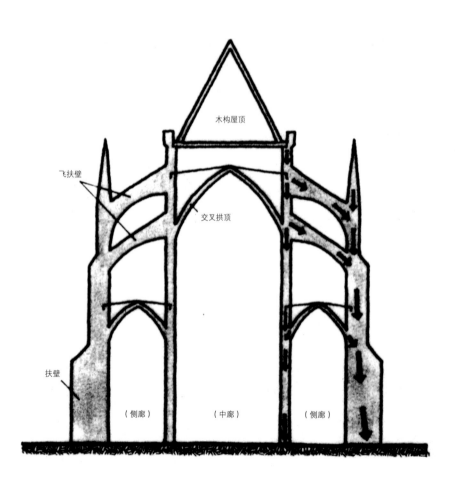

木构屋顶

飞扶壁

交叉拱顶

扶壁

（侧廊）　（中廊）　（侧廊）

左图：不论是拱还是穹顶，力学合理性在于抵抗轴力。轴向力只沿着最短距离的方向流动。而两者共通点，一是要抵抗柱脚处的侧推力，二是压力线（力流线）不能远离结构体的中心。后者依靠石材的巨大自重可以在一定程度上弥补，但也容易造成结构坍塌崩坏。

初看哥特建筑的砌筑和拱或穹顶毫无关系，实际上有相同的类推。越过中廊细柱的石材穹顶的侧推力，通过飞扶壁传到了外侧的扶壁上。加上雕像和小尖塔的重量，矢量力向下慢慢传递，变换着角度到达地面。矢量力无论流经扶壁的什么位置，都是从断面中心的三分之一处通过。"中间三等分"原理是砌筑中重要的关键词。

伊势神宫 外宫（丰收大神宫）
Grand Shrines of Ise

日本 三重县伊势市／年代不详

伊势神宫的内宫和外宫被称为"唯一神明造"（神社型制的一种）。其造法纯粹而严格，其他的神社都不得使用。其中，"切妻造，掘建柱，平入"（即双坡坎，架空，长面进入）是神社建筑样式的原点。除了圆柱和主梁，其他都是平面加工而成的直线外观。柱子基本是左右对称，左右方向配置偶数根柱子。位于建筑侧面中央、支撑从墙面出挑的梁的柱子——栋持柱，选用的木材比一般的木料更大、更强，但是结构上却几乎不承受荷载。

内宫与外宫在鰹木的个数、千木的形状上有几处不同的地方。除了结构上的区别，参拜之时，过桥之后内宫是右侧通行，外宫是左侧通行。各种各样的神明从远方至此进入。

参拜的时候，其尺度和神圣的气氛让人肃然起敬。一踏入基地之内，"一生之中至少要去伊势神宫一睹尊荣"，心中不由得冒出这首伊势之歌。为了用模型表现出这份感动和唯一神明造的样式，围墙中最内部的圣域"内院"以大比例制作而成。

鲣木：为了压住脊檩和茅草而在屋顶脊檩上垂直放置的压脊木，与千木一样，是寺院建筑所没有的神社建筑特有的部位。

屋顶：由于使用了耐久性较差的茅草板，屋顶的坡度很陡，让雨雪容易流下，山墙的出檐也很深。

甲板

障泥板

风穴：防止风折断千木而设。

千木：日本原始的居住样式"天地根元造"，两端用不同的垂木交叉，其上以栋木压住的结构。千木是相互交叉的垂木上面伸出的部分。千木是后来从中国传来的最新的寺院建筑样式中没有的部分。伊势神宫和出云大社，是日本原始的建筑样式遗留下来的建筑。

破风板：千木和屋顶下方相连的部分称作破风。破风板承担着保护建筑免受风吹雨淋的重要功能。也写作博风。

小狭小舞：神明造神社的破风梁上的出挑的装饰。

鸟居桁
高栏中桁
高栏基桁
缘束

栋持柱：通常很粗，虽然使用高强度的材料，但是结构上没有承受太大的重量。是寺院建筑中看不到的形式。

居玉：有赤，白，青，黄，黑五种颜色。

墙壁：神明造的墙壁使用了强度很高的木板材。只有正面中央的地方留有为观音开设的御扉。

心御柱覆屋

御扉：为了制作御扉，大规模的社殿需要相当古老的木材。皇大神宫正殿需要树龄400年以上的柏木。

心御柱：伊势神宫的御柱被埋在殿舍下。心御柱从育林山中采伐后，要一边咏诵经文一边搬运至正殿。

严岛神社和大鸟居
Itsukushima Shrine and "Torii"

日本 广岛县甘日市市公鸟町 / 镰仓时代

　　严岛神社和大鸟居为何能永远耸立于大海之上？

　　作为木构建筑能立于海上800余年，归功于从地形布局到社殿的柱根细部等许多复杂的原因。其中最重要的是与自然的关系。社殿选址于海浪平静的入江口，山谷如同台风的风道，其与社殿的关系，还有为了防止淡水对社殿的腐蚀，江河与社殿的关系是建筑得以续存的最大原因。在这里通过地形模型展示了地形与社殿大鸟居的关系。其次，模型同时展示了围绕着社殿的连续的基础设施——回廊，如同防波堤一般阻挡了海的外力而守护了内侧重要的社殿群。

　　另一方面，大鸟居是巨大的木构构筑。木结构与海水的关系值得注意，大鸟居与社殿一样立于水下的河床上。历史上曾记载了其多次为风吹倒，与风害相应的处理包括：①稳定的形态；②增加重量的措施。具体来说并非选择比重较重的树种，而是将鸟居的材料制成箱型，其中放入石头；③确认改良地基的松木基础。由于木材在海水中会被腐蚀，除了如社殿一样将木头换新之外，大鸟居还会受到船蛆的腐食，因此会更大规模地改建。

© 伊泽岬

29

作为海洋建筑起点的严岛神社

严岛神社的魅力和技术在于，宛如造在地上一样自然地立在海上，从设计的"巧"来看这种魅力的话，支撑这种魅力的是木造海上神殿的技术，也就是运用了海边才有的技术，才使这种魅力得以成立。严岛的木造神社在800年间为了在海上站立，进行过许多技术尝试，也犯过许多错误。其中对应海洋工程的许多具体问题，如海浪、潮汐、潮流的外力，以及海洋科学中会遇到的材料的腐蚀、老化等维护上不得不解决的问题比陆地上的建筑多得多。就这样严岛神社经受了自然严厉的考验，积累了许多技术，且很多技术在不断来袭的灾害中面变得越来越成熟洗练。这种精神在今后国家、城市、建筑（的建设）中如何活用毋庸置疑是如今的课题。现在海上神社在全球化气候变化中面临逐渐消失的危机，围绕如何将防灾的重要性向后代传递，以及如何建立海上屏障的围栏等议题，我们必须着眼于多变并且安全的全球化设计之路，来讨论严岛的现代意义。

严岛设计的"巧"

严岛神社的社殿，位于宫岛的御笠浜深处小小的湾上，分为本殿和拜殿。轴线上260米的海上设有巨大的鸟居作为通往社殿的通路，乘着船从大鸟居下通过到达社殿，这种独特的布置很符合海上神社的特点。大鸟居和本殿的轴线左翼东侧几乎直角的轴线上是被称为"次本殿"的客神社，右侧是大国社和天神两个小社殿，以及散布周围的能舞台。在复杂的社殿群的周围，围绕着被称为海的社殿中极为独特的基础设施（infrastructure）的"回廊"，以地板和桥将它们连接。

回廊/地板/桥 这个回廊总长108间（约195米），长

上图，从左至右：

• "水之道"的创造。为了不让混有土和石子的水直接接触神殿，人为地设置了迂回的河口。

• 倒塌的能舞台和与之对比的本殿。

• 防备2004年9月的18号台风，为了避开能把客神社回廊的地板掀起的海浪，同时防止材料被冲走而设置的绳子。

左图：受"风之道"吹来的强风的影响，倒塌的能舞台全景（上）和局部（下）。

度和体量都占了社殿总体的很大比例。回廊根据不同长度折了八次，初看是对称的，但部分角度刻意地发生改变。和回廊一起赋予严岛神社空间特性的是舞台，包括主轴线上本殿前的高舞台和两边的平舞台。从高舞台向海面伸出很长一段没有屋顶的地板，构成的公共空间被称为"火烧前"的停船处。这个地板和回廊是使人与海的关系更加积极的有效装置，特别是在海和社殿空间一体化的"管弦祭"上，回廊和地板作为"祭"空间的观众席是十分重要的空间。

严岛的空间性　将严岛空间特征之一的开放性表现的最为突出的是"祭"。特别是每年举行的大祭"管弦祭"，将神社的平易近人和开放性毫无保留地表现出来。"管弦祭"是海中的船和管弦的"祭"，把平安王朝的绚烂气氛一直延续到现今。"祭"船上载着神舆（供有神牌位的轿子），吹奏着管乐跟着氏子的御伴船通过严岛的大鸟居，绕着对岸的"摄社"而行，活动的高潮是载着神体的船在满潮的夜里回到本殿的时候。这时，回廊和地板就变成有巨大容纳能力的观众席。更加值得惊讶的是，祭礼开始前不仅氏子们的渔船能够在社殿周围的水边停靠数夜，社殿的回廊和地板也允许普通的信者留宿。严岛的开放性，正因为地板、回廊等海边建筑特有的空间而显示出来。严岛的社殿也被称为"开放的空间"。

灾害中显现的回廊、地板、桥的意义　与现在的严岛神社十分接近的社殿建成于仁安三年（1168）。自从建成以来，灾害记录一直不断：大风、山体滑坡、雷电、潮水。海上建造的严岛神社，其与自然的战斗比之陆地上的建筑要严峻得多吧。
　　2003年秋天，海水上涨至回廊的地板以上40厘米；1945年，枕崎台风引发了山体滑坡和泥石流；1991年台风19号引发了强风和高潮……2004年由于台风和其他的自然灾害，严岛神社遭遇了毁灭性的损坏，但以此

为契机得以再生。
　　1945年的豪雨引发了山体滑坡，社殿的西回廊、扬水桥、长桥被冲走了，平舞台也受到了巨大的损害，社殿有一面被泥沙所覆盖。后来，以这次灾害为契机进行了大规模的修理，并将事情的始末出版发表了。通过照片可以看出，与回廊、桥、舞台遭受到的损坏相比，本社、客社的损坏要少很多。与本殿相比，回廊等可以说是简易的结构体，在山体滑坡时作为土砂的防砂体，在海水涨潮时作为消波体，其作用显而易见。立于海上的建筑，严岛神社的社殿，像这样抵御以高潮为代表的海水的外力。回廊、床、桥等结构受到一定程度的外力而无法支撑，通过这些容易破坏的部分，从而保护了社殿等重要的建筑。

回廊的技术：间隙的细部　社殿所在的御笠浜的潮高，通常上升至社殿地板下15厘米。大潮时回廊的地板会被潮水覆盖，台风的时候高潮会将回廊淹没。为了应对高潮，回廊的地板留有一点间隙，从而顺应自然的力量。像这样，设计中重要的回廊、桥、地板成为本殿的守护体，没有屋顶的楼板和柱子之间开敞的回廊，以及从地板之间可以看见的缝隙的细部，共同构成了抵御海水的外力的缓冲体。

灾害中显现的地板的技术：木筏结构　没有屋顶的木楼板之间为了抵抗高潮而留出了间隙细部。2004年9月的台风18号的灾害中，木楼板形成了五个体块，各个体块形成木筏状的结构。以体块为单位的消波装置体是由高木干雄教授在NHK电视台上说明的。这五个体块是由容易替换的竹钉接合而成。

浮床的再发现　本殿前的拜殿和枞殿的地板是由重达200斤的厚板以榻榻米状铺成。2004年的台风中，这个地板被波浪顶起来，与柱子发生碰撞摩擦。这里为了举办神事，不能像平舞台那样留出空隙，因此地板与

柱子并不固定，而是在地板上挖出柱子的形状。地板下如果有很大的海浪，海浪会将地板向上顶，与柱子相摩擦，产生巨大的摩擦力，从而分散波浪的力量。

床柱"束"的技术；替换的细部 接下来对支撑社殿群高床的柱子进行说明。1981年，我们对严岛神社地板下所有柱子的截面形状、半径、材质、腐朽度进行了现场调查。结果发现木材外面也使用了石材，断面的形状既有圆柱又有八角柱。根据材质和断面形状，柱子一共可以分为12类。经过更深入的调查，支撑高床的柱子的特征可以根据其上部结构的区别进一步分类。第一类是柱子上部有建筑的粗柱；第二类是上部没有建筑、平台、舞台、桥之类的结构，其荷载较小的部位，地板下的柱子都是石柱；第三类是回廊之类的上部荷重比较轻，自身比较细的木柱。承载着不同结构形式的柱子的材质、形状，与海水的浮力有着巨大的影响。再者，平台处的八角形的石柱有着曾经是木柱的痕迹，说明（神社）作为海的建筑为了应对浮力而不断技术上试错。与此同时，大部分支撑高床的木柱是如何永远在海中竖立的问题还是没能解决。严岛神社社殿所在的海，被认为是潮起潮落差别较大的海。在海上建造的建筑技术，意味着必须根据潮水的时间，在涨潮时被淹没的柱子的维修，要在落潮后进行。比起结构常年淹没在水下来说这是十分有利的。严岛神社在落潮时容易对部件进行替换，从而使得地板下的柱子能够不断更新。现代建筑师所提倡新陈代谢的建筑中经常使用的手法，严岛神社自古以来就有了吧。

巨大鸟居和灾害 象征着严岛的技术的大鸟居，相比一般鸟居在主柱边又各加了两根柱子，因此被称为"四脚造"。高14米，跨度25米，主柱的直径在3.5米以上。因为"四脚造"这种动态的造型，鸟居让人感觉比实际尺寸还要巨大。

根据报告书的说明，鸟居虽然在1945年的泥石流中幸免于难，但1875年建成以来接触海水的部分就受到了船喰虫的虫害。因虫害而空洞了的柱脚部分，现场将靠近海面的部分切断并进行替换和修理。关于这个工程从明治时期的营造记录里就可以推想出来，柱脚的基础改成了密集的松木桩基础（千本杭），改进了地基。虽然海底地基的改良古来就有投石或打桩的做法，但通过这次修缮工程确认了这个巨大鸟居的基础结构。这样的话，鸟居之外的本社、客社等社殿的基础结构也能用同样的方式替换。大鸟居的笠木用桧树皮包裹着横梁形成箱型，中间灌满了沙子，这是为了增加鸟居的稳定性。为了不让海上独自站立的鸟居受风、海浪及泥石流影响倾覆倒塌而采取了一系列的措施，包括密集木桩的地基，主柱外增加柱子，及笠木中灌沙子，使得鸟居整体从上到下都增加了稳定性。并且材料很大一部分用了樟木。

从灾害的角度看"水之道"的创造 社殿背后的弥山起到保护社殿不受台风影响的重要作用的同时，却带来了泥石流的隐患。这个泥石流却间接揭示了海水对木材的防腐作用是严岛神社长时间屹立在海上的原因之一。社殿背后是从弥山流出的御手洗川。原来社殿中心的本社是对着河流的自然河口的，这样使得社殿有了泥石流的隐患。现在人为地改变了河的流向，把河口置于离社殿较远的西松原。这个流向的变更是严岛神社在海上屹立不倒的原因之一。并且，这个变更不仅有效地防止了社殿被泥石流冲击覆盖，也防止了社殿所处的海湾的淡水化现象。1945年的枕崎台风通过广岛之后转弯，将御手洗川的砂石和淡水直接冲入社殿中。虽然当时考虑要重新利用，但是地板下的柱子受到了严重的腐蚀，1948年的修复工程中已经不能再使用了。因淡水的流入而加速了木材的腐朽速度，这也间接揭示出海水对于木材的防腐作用。从严岛神社对地形的变更可以看出，相对于海水的影响，对淡水的防御是更加重要的问题。

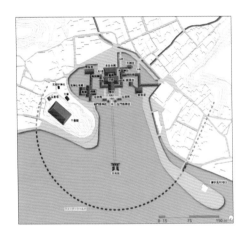

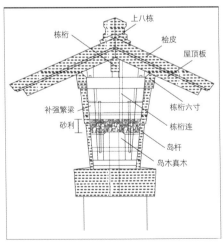

从灾害的角度看"风之道"的存在 1991年台风19号的强风和海浪使能舞台、乐屋及左乐房倒塌了。只有能舞台出现了集中倒塌损坏的情况，从中看出了"风之道"是因为台风才存在的。上文已经叙述过从红叶谷到新的河口开辟新的"水之道"。通常"水之道"被认为是从严岛神社出口附近流向大愿寺方向的小溪流。这条水系地形上形成了山谷状，最上部的山峰被切成"V"字形与河川保持一致。能舞台就位于"V"字形切口的山顶和水系的中轴线的延长线上。三浦正幸教授指出这个地形是能舞台受强台风影响倒塌的原因。这条轴线上不布置其他本殿是今后主要建筑的布置需要考虑的问题。

严岛的自然灾害及相应的技术提案 温室化效应带来的海面上升加上国土收缩，使得占据日本国土1/3的海岸线城市受到破坏，农地流失。需要考虑严岛的防灾对策。针对目前的硬性提防，提出了水幕、空气帘幕及针对巨大海浪的吸收机制等意向。这些被布置在社殿境内（包含社殿，大鸟居）的海域中，呈圆弧状布置。虽然今后也必须进行技术的讨论，但这种柔性提防的可能性，不仅是世界遗产保护方法之一，对现代城市防灾而言也具有景观上的考虑。

左图，从上至下：
• 对抗严岛的海啸的水白（water shield），直径约400米的水的屏障(curtain)。
• 大鸟居笠木断面图。

上图，顺时针：
- 悬空的大鸟居。
- 大鸟居。
- 主柱的根部。
- 被拆解了的主柱的根部和四根桩子。

会津 Sazae 堂 圆通三匝堂
Aizu Sazaedo

日本 福岛县会津若松市 / 1796

会津Sazae堂是1796年在福岛县会津若松市的饭森山建的高16.5米的六角三层佛堂。

中间六根芯柱（立在同一个基础之上）和周围的六根主柱（变形七边形截面）之间，连接的梁通过木构件插接联结。这些连接梁在高度上依次升高2尺（约60厘米），从塔的正面绕到塔的背面半圈的距离里有6尺（约1.8米）的高差，对面又开始了新的倾斜，使空间上变得宽裕。在确保一圈6尺的高度的基础上，向上一圈半，向下一圈半，总计三圈正好绕整个建筑一周。顶部通过太鼓桥的连接，将上去的斜坡和下去的斜坡连接起来。三匝堂的"匝"即"圈"的意思，在三次绕圈的同时对观音参拜。

模型制作时只表现众多复杂的构件中的主要部分，为了让人更容易理解三匝堂的组成。

上三原田歌舞伎台
Kamimiharada Kabukidai

日本 群马县涉川市 / 1819
建筑设计 / 工程设计　永井长次郎

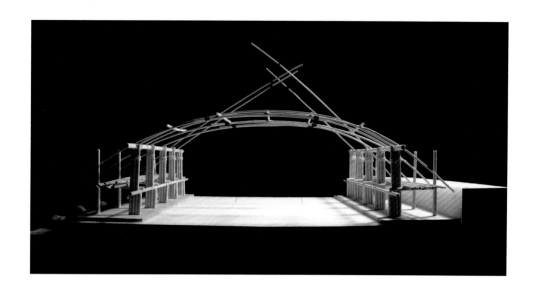

© 斎藤公男

　　江户中期以后建造的各式各样的农村舞台中，据推测目前日本残存的只有700~1000栋。在群马县就有占总数1/10的舞台。拥有特殊的旋转舞台等让人看得更远的设施的上三原田舞台在其中颇具代表性。据说这个舞台是在1819年（文政二年）时由大工栋梁——永井长次郎设计建造的。

　　其中十分有趣的一点是挂在客席上的临时大屋顶。1952年（昭和廿七年）的春天，在这里看芝居的藤岛亥次郎，把当时的印象生动地记录在了《舞台展望》（1952.4）一文中：

　　"这个大屋顶着实令人感到惊奇。虽然是数日前造的，但结构实在是精巧，而且其实很现代，很优美。（略）舞台的对面毫无遮挡，一览无余。屋顶是如此的开放，任何人都可以免费进入。那里挤满了观众，如此宏大壮观的观众席的景象，是在东京日本剧场完全不能比的。舞台前排座位的屋顶的斜度让人心悦诚服，遥远的后方也能很好地看到舞台。"

　　将广阔客席覆盖的拱形屋顶，在提高了舞台照明效果的同时，也使得音效可以轻松到达观众席后方。功能、结构和造型无缝、自然地融合在了一起。

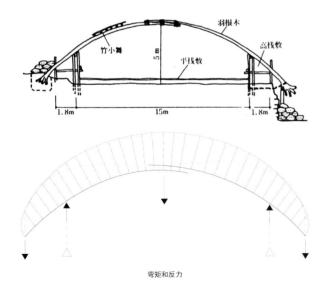

羽根木

竹小舞

5m

半栈敷

高栈敷

1.8m　　　　　　15m　　　　　　1.8m

弯矩和反力

上图，从左至右：

• 附近山林砍下的圆木做成悬臂梁那样。

• 两侧的悬臂梁强制地向下压，扎紧使其一体化。

• 悬臂梁的段侧用石头的重量抵消向上的力。

左图： 根据悬臂梁（羽根木、楔木、刎木）发展出这个卓越的结构的是上三原田的大师永井长次郎。利用周边高看台作为支点，两个悬臂梁的木材头部向下压并用绳子扎紧，从而创造出了拱。给予材料"预弯力"就能自然形成拱，这个想法与弗雷·奥托（Frei Paul Otto）在曼海姆（Mannheim）展览馆（1975）中尝试的手法相似。但是这里的这种做法更加属于"自然流"，而且施工条件也极度的困难。在很短的工期里，利用有限的经费和村民的劳动诞生的构造是一个创举。组成拱的圆木材料等，解体后没有损伤的材料都被村民拿去拍卖从而回收利用。

白川乡合掌造
Shirakawa-go

日本 岐阜县白川乡 / 江户时代后期至二战前

© 白川乡

　　深山之中的这个地区，自然环境十分恶劣，是日本国内屈指可数的暴雪地带之一。"乡里的每家每户，都用草铺在屋顶上。屋顶斜率之大，正面看过去屋顶占了整个家的高度的4/5。（中略）既节省用地又能避开风雪的灾害，几乎就像西方建筑一样。"这是1909年（明治四十二年）到访白川乡的民俗学者柳田国男记录的感想。这里年平均雨量超过180毫米，只有东西向的屋顶斜率在45°到60°之间，才能把雨水迅速地排掉，同时，日照带来的干燥效果使得屋顶的茅草不易腐烂。

　　1945年（昭和廿年）时300多家白川乡的合掌造家宅，随着时间的流逝数量在减少，到了1992年（平成四年）时，仅剩下113栋。茅草屋顶每30~40年就要换一次草。每年，白川乡要集合200名民村之力，用两天时间为几间房屋更换茅草。这种共同体的互助精神一直留存至今。

　　合掌造的一大特点是梁柱和屋顶可以明确分离。特别是白川乡的合掌造，屋顶（合掌）接近正三角形，因为用了曲梁和驹尻等构件而使得整个结构非常合理和高效。

　　白川乡在南北细长的山谷之中，冬天会经历暴雪和猛烈的北风。为了躲避北风，屋顶无一例外地向着阳光，形成了南北向的建筑群。

神田家室内照片

锦带桥
Kintaikyo

日本 山口县岩国市 / 1673（2004 年再建）

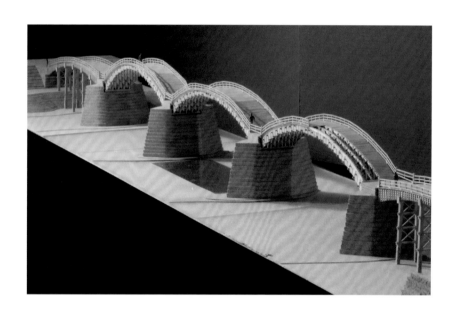

　　锦带桥是在锦川（河宽200米）。之上架起的五连木桥组成的桥，总长195.7米，中间三座桥是长约35米的木拱桥。通过纤细木材的巧妙组合，使得拱拥有很大的跨度。作为主要构件的桁架，用长约6米截面为6寸（180毫米）的方形松木材逐渐伸出，左右各11根，中间用大栋木和小栋木连接，桁架逐渐倾斜成拱的形状。侧面有鞍木和助木的固定，这些鞍木和助木也成了仰望锦带桥时的独特风景。鞍木和助木不仅仅起视觉上的作用，振动试验证明它们也是对

抑制振动有利的辅助刚性材料。

　　桁架的上面因为有"后诘"和"平均木"，在桥的上表面创造了由平滑曲线组成的拱形。这个构件基本都是用榉树制的楔子来连接的。侧面看到的"链"和"卷金"等结构很弱的构件，是在建造时起临时固定作用的。这些小构件，一座桥有900个以上，五座桥合计20 000个以上。

　　模型制作时，再现了各个细小的构件，也很重视构件的构成和桥的仰视角度的姿态。

中国宋代虹桥
Hongqiao Bridge

中国 开封 / 1041—1290
建筑设计 陈希亮

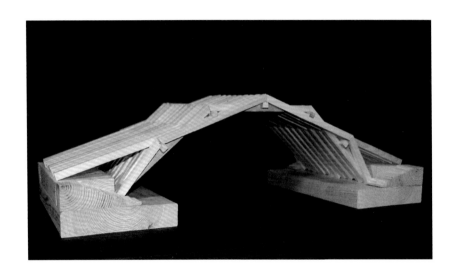

　　中国的国宝《清明上河图》是一幅长5.28米，宽24.8米的画卷，它描绘了中国北宋时期（960—1127）的首都开封（现在的河南省开封市）的景象。画中有500多个人物，50多头家畜以及20多艘船只，在画的中间有一座拱形的优美的虹桥。1290年（元至元二十七年）前后，受到黄河大洪水的影响，虹桥被毁坏了，所以我们只能在这幅画卷中一睹虹桥的模样。研究室通过模拟解析和制作模型等方法，解开了虹桥的几何学规模、建造方法、受力原理以及力学特性等谜团，尝试将虹桥这个了不起的创意运用在现代建筑的结构设计之中。

　　虹桥的主要结构，是将拱的方向的木材和水平横向的木材像剪刀一样咬合在一起。中国古代建筑中经常使用榫卯等连接方式，在虹桥的主结构中也采用了同样的方式连接各个构件，因此没有使用钉子。

　　虹桥同时拥有曲面、拱、桁架和空间框架的几何学和力学特性。这种结构形式无法用现代的结构系统来分类，也可以说是一种全新的结构。我们研究室想利用虹桥的原理，努力尝试创造出圆筒型、穹窿型等结构形式。

皇家阿尔伯特桥
Royal Albert Bridge

英国 普利茅斯／1859
建筑设计　伊桑巴德·布鲁内尔（Isambard k.Brunel）

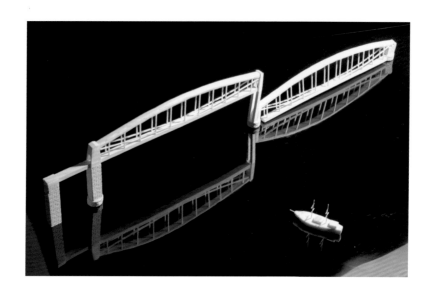

© 斋藤公男

　　"I.K.BRUNEL ENGINEER·1859"——刻在皇家阿尔伯特桥的东塔高处白色巨大的文字，即使从远处也可以清楚看见。

　　1838年，直通康沃尔半岛的大西部铁路的建设开始了。这一年也是维多利亚女王继位的第二年。跨越泰河的桥梁的建造成了铁路建造的最后的难关。泰河流经位于普利茅斯市西北方向的索尔塔什市，河宽约340米。海军下了"河中只有一处允许桥墩落下"的限制。吊缆（当时是锁）和拱的组合，互相抵消了水平力，这种"自定式"的特点，是空

间拱的最大特征。虽然在19世纪初人们就了解了它的原理，但这样规模的还是史无前例。距离水面30米处挖掘桥墩所使用的直径11米的气压沉箱法，也是一个史无前例的挑战。在岸边搭建好的两个悬吊拱用船运到河上，通过水的力量将桥竖立。一直在等待桥完成的布鲁内尔，在桥完成后就去世了。

　　近年来，由于老化的原因在桥上增加和替换原来的构件，但这也是在尊重原设计的基础上进行的。虽然老旧但桥现在仍在通行，对周边现代吊桥所散发出的压倒性的魅力，也从未改变过。

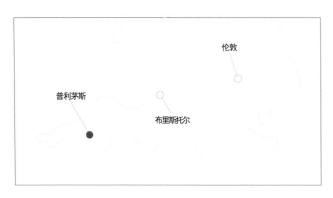

上图左：从上弦筒体上可以看到紧邻的吊桥。

上图右：从河上升起的悬索拱(suspenarch)。

左图，从上至下：

• 透过巨大的管子中藏着的小孔（防止结霜），在河上浮着的小船移动的景像在黑暗中印了出来。

• 管子和链子一体化的节点。全部使用熟铁制成。

福斯铁路桥
Forth Rail Bridge

英国 爱丁堡／1890
建筑设计　约翰·福勒（John Fowler），
本杰明·贝克（Benjamin Baker）

© 增田彰久

　　铁路如蜘蛛网般遍布19世纪的英国，在北部爱丁堡附近福斯湾上架起的铁路桥，总长2 530米，中间跨度521米，这在当时都是世界第一。这座桥被称为"钢铁恐龙"，总用钢量达到51 000吨，是19世纪钢桥的杰作。

　　福斯铁路桥的最大特点是悬臂桁架桥的结构。超过100米高的三个巨大的主塔和从上面向两侧伸出的逐渐变细的悬臂梁，构成了这座桥充满力量的姿态。受压的材料是粗的钢管，受拉的材料是轻盈的桁架，这两者不断重叠交织，打动了每一位参观

者。该桥另一个特点是针对风压的设计，主塔由下至上逐渐收小，就像荷尔拜因（Holbein）笔下人物的两腿分开的站姿那样，这使抗风的稳定性得到了很大的飞跃。

　　实际制作模型的时候，将受压和受拉材料的不同断面和细部忠实还原，展现了力学的合理性和交织重复的材料构成的美感。作为发源于英国的工业革命的见证，经历了100多年仍坚守岗位的福斯铁路桥，将继续传播英国的传统和创新精神。

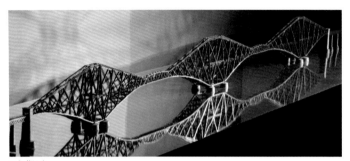

© 加藤词史

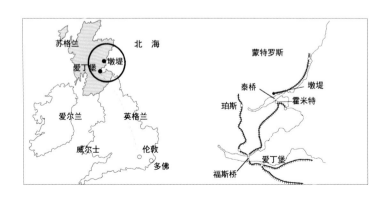

上图，右图：体验葛尔培式梁（Gerber's Beam）的机制（力的流动）的"人体模型"。

水晶宫
Crystal Palace

英国 伦敦 / 1851
建筑设计 / 工程设计　约瑟夫·帕克斯顿
（**Joseph Paxton**）

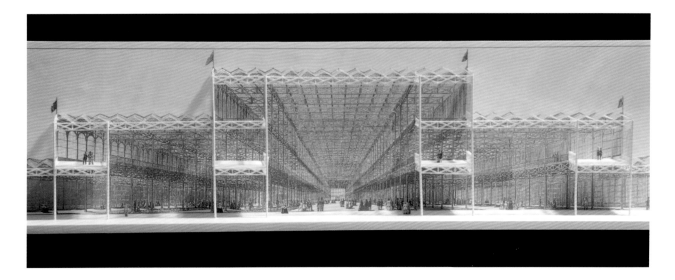

© 斋藤公男

维多利亚时代（1837—1901）阿尔伯特亲王发起的伦敦世博会中，公开设计竞赛募集了245个方案，经过15次的审查却都没有采纳。无奈之下委员会提出建造一个带巨大穹顶的砖砌的传统建筑，但是工期和预算都出现了明显的问题，事情再次停滞不前。这时，帕克斯顿开始了行动，然而他的时间距离建设委员最终做出决定只剩下两周。在委员会议上，抱着"在我脑海中，设计已经有了"的想法，帕克斯顿在手边的吸墨纸上奋笔疾书。这个草图最后决定了所有的设计。绵延8万平方米的水晶宫在1851年完成，施工仅用了6个月，速度之快让人想起18个月建成的帝国大厦。并且，在所有的材料（玻璃和铁）都是预制的情况下，巧妙地加上了细部设计。桁架、幕墙、室内环境控制、品质管理等一系列综合技术的集合，才是这个建筑最大的特点。可以说这里是材料预制化建造的起点。

第一次世界大战中逃过了德军空袭的水晶宫，在1936年底被大火烧毁，许多美术品都流失了。

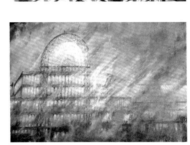

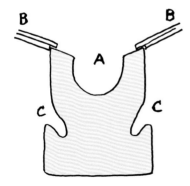

左图：被称作"帕克斯顿沟（Paxton Gutter）"的明沟。承受玻璃（B）的不规则张弦梁中，设置了接雨水（A）和露水（C）的水沟。

上图，顺时针：

• 帕克斯顿为了计算巨大的维多利亚睡莲（Victoria regia）的浮力，让小女孩站在上面，叶子一动不动。把薄薄的叶子翻过来看，那里放射状的叶脉呈交叉状。就在那个瞬间，帕克斯顿想到了水晶宫的"构造"。

• 与帕克斯顿最初的方案相比，最终建成的水晶宫的设计要优美得多。立下功劳的是

榆树。由于伦敦市民的强烈反对而未被砍掉的三棵巨大榆树保留下来成了圆形屋顶。事实上，连当初拉长脸的布鲁内尔（Brunel）都很快支持了这个想法。可以说，水晶宫是从睡莲和榆树两个来源于自然的灵感中诞生的。

• 水晶宫在第一次世界大战中逃过了德军的空袭，却在1936年因大火被焚毁，损失了巨量的艺术品。

• 矗立在水晶宫前的J.帕克斯顿的巨大头像。

埃菲尔铁塔
Eiffel Tower

法国 巴黎 / 1889
建筑设计 / 工程设计　古斯塔夫 · 埃菲尔〔Gustave Eiffel〕

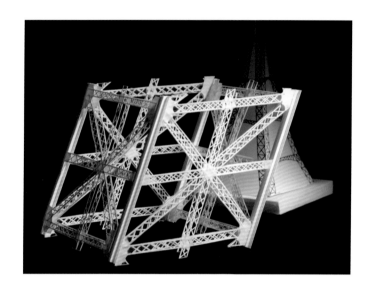

© 斋藤公男

　　1867年，35岁的埃菲尔独立开设了埃菲尔建筑设计公司。在设计埃菲尔铁塔的18年里，还设计31座铁路高架桥，17座大型铁路桥，以及教堂、车站、工厂、天文台等许多建筑。1876年完工的玛丽亚 · 皮亚大桥（Maria Pia Bridge），使埃菲尔闻名于世。

　　在设计埃菲尔铁塔之前，埃菲尔就对建筑抗风十分敏感。1879年苏格兰泰湾上就曾有过因为强风使得列车和桥一同被毁坏的案例。因抗风设计而产生的这座300米高的铁塔的结构形态，也许早就牢

牢地扎根在埃菲尔的脑中了。

　　1884年，法国中部桑布尔附近的嘎拉比特（Garabit）高架桥完工，最大跨度165米。铁制的月牙形两铰拱与顶部的水平桁架在视觉上相互分离，拱的跨度顺着支点方向逐渐变化。为了抵抗桁架方向的风荷载，而自然形成了拱的形态。若能明白这个道理，就能理解当时埃菲尔对于自由女神像充满自信的原因了。后来他也说到，"这就如同铁制的桥墩要设计成能抵抗风那样。"

© 斋藤公男

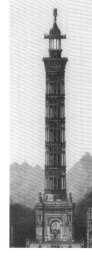  

上图，从左至右：
• 布鲁戴（Bourdais）的336米的石灯塔方案。
• 自由女神像（1886，纽约）。受法国雕塑家F. 巴托尔迪（F. Bartholdi）的委托，埃菲尔为铜像（110吨）设计并建造了支撑的骨架。
左图： 嘎拉比特高架下，如果变换视点就会看到单纯的拱状的立体的形态。

企鹅池
Penguins Pool

英国 伦敦 / 1933
建筑设计　贝特洛·莱伯金（Berthold Lubetkin）
工程设计　奥雅纳（Ove Arup）

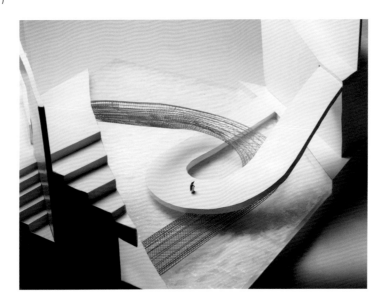

　　企鹅池是1933年在伦敦动物园的饲养小屋，由伦敦建筑技术团队泰克顿（Tecton）小组成员莱伯金设计，结构设计是奥雅纳。企鹅池最大的特点是在池子上交叉的两条混凝土螺旋坡道。

　　在1933年，用预应力混凝土来完成曲面还处于发展阶段，如此薄的自由形态的混凝土结构在当时是十分罕见的。

　　为了实现混凝土螺旋坡道，两条坡道的根部采取了上下错开的措施，产生了类似桁架那样的效果。

　　此外，企鹅池的配筋，在沿着曲线方向布置主筋，又在其他斜的方向上插入钢筋，随着曲线呈放射状变大。这是因为在曲线上除了来自轴向的力之外，还有与轴垂直的剪力和斜向45°的拉力，所以在这些方向上布筋是很必要的。

　　现在展示的是坡道的配筋模型之一，以此来说明配筋和曲线。这也展现了这个坡道中蕴含的从设计到结构的一脉相承的美感。

杜伦步行桥
Footbridge in Durham

英国 杜伦 /1963
建筑设计 / 工程设计　奥雅纳（ Ove Arup ）

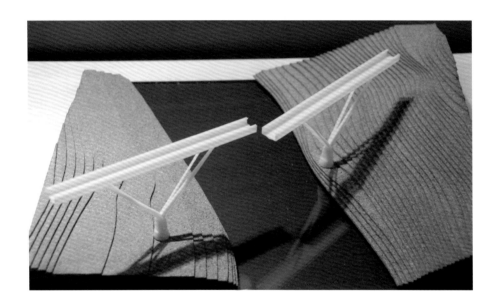

　　杜伦步行桥是为了连接起被河流隔开的杜伦大学的新旧两个部分而架设的步行桥，在总图设计和施工方法上十分引人注目。

　　总图设计上，这座桥面对着韦尔河该如何放置，大家众说纷纭。河的一边是被称为罗马风建筑的世界最高杰作杜伦大教堂（1093—1220），另一边是当时才刚刚落成的杜伦大学学生会馆。最终，奥雅纳提出把桥的轴线从大教堂和学生会馆的连线上偏转15°的方案。

　　施工方法上，为了不妨碍杜伦大学赛艇部的练习，在桥支柱脚部的混凝土外壳上，加上了旋转装置。考虑到两侧河岸的面宽是河流宽度的两倍以上，桥的形状又是对称的，奥雅纳构思出了水中不需要设脚手架的建造方法：在河岸上把混凝土浇筑好之后，两个桥的主梁分别转90°合成一座完整的桥。这在当时是十分新颖的施工方法。

　　模型展现出了桥与周围的关系。

© 金田充弘

Alloz 高架渠
Alloz Aqueduct Bridge

西班牙 Alloz / 1939
建筑设计 / 工程设计　埃德瓦多·特罗哈
（**Eduardo Torroja**）

　　从西班牙首都马德里坐达尔戈（Talgo）特快列车到巴塞罗那大约是六个小时。在旅途经过萨拉戈萨（Zaragoza）以北约170公里的时候，广阔起伏的丘陵之中，能看见一条白色的直线，那就是Alloz高架渠。走近一点看，长达480米的混凝土曲面水道的表面，完全看不到裂缝和漏水的痕迹。

　　高架桥由圆规般的X形支柱高高抬起，这也是根据当时的混凝土浇筑能力而设计的。作为水渠的曲面梁分成37.8米的单元。当然，支柱的不同位置会使曲面的弯矩分布和最大值发生变化，这里把支柱放在了距离端头全长1/4的地方。

　　为了确保抛物线型混凝土高架渠的水密性，而在纵向和横向上小心地加上了预应力。施工方法和细部设计上也下了很多功夫。

　　1939年的这个最终方案，标志着因内战而中断了三年的设计活动的重新开始，也给40岁的特罗哈带来了新的荣誉。

© 斋藤公男

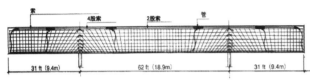

索　4股索　2股索　管

31 ft (9.4m)　62 ft (18.9m)　31 ft (9.4m)

轴（纵向）剖面

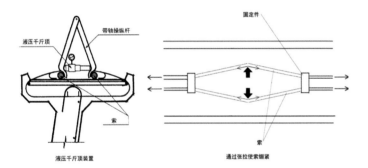

液压千斤顶　带轴操纵杆

固定件

索

液压千斤顶装置

通过张拉使索绷紧

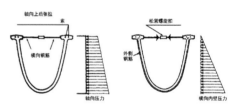

轴向上后张拉　索　松紧螺旋扣

横向钢筋　外侧钢筋

轴向压力　横向内壁压力

阿洛兹

萨拉戈萨　巴塞罗那

马德里

上图：面对面的水道顶部，每隔4.5米就能看见一根拉结的钢筋。

流水别墅
Falling Water

美国 宾夕法尼亚 / 1939
建筑设计　弗兰克·劳埃德·赖特（Frank Lloyd Wright）

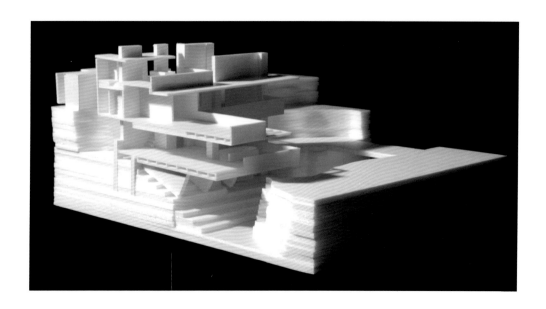

　　流水别墅是世界著名的住宅建筑之一。这是和自然融合的优美建筑，其特征是从悬崖向瀑布悬挑的楼板。

　　向着水流出挑的地面，楼板与反梁一体形成双悬臂梁，即通过将井格梁反置，在剖面上梁能够与阳台的墙壁一同承受楼板的力。流水别墅使用了在当时美国还属于很新的材料——钢筋混凝土，无论在结构还是材料上，在当时都是十分新颖的建筑。

　　近年来，由于发现悬挑梁下的楼板有下沉的趋势而对流水别墅进行了大规模的修整。在梁端部的混凝土砌块中置入钢管，加入高强度的后张拉钢筋，并通过千斤顶拉紧，从而维持现状不再下沉。这种修复手段，并非要让楼板的所有变形都消失，而是将下沉的楼板作为流水别墅历史的一部分记录下来。

　　将井格梁倒置以形成双悬臂梁的楼板的方式以及修复方法，都在模型中得到了展示。

①剖面模型

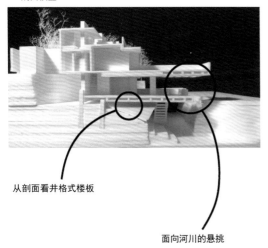

从剖面看井格式楼板

面向河川的悬挑

②结构·补强

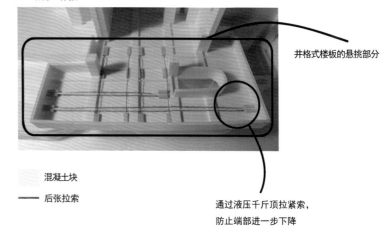

井格式楼板的悬挑部分

混凝土块

后张拉索

通过液压千斤顶拉紧索，
防止端部进一步下降

流水别墅是世界上最有名的住宅之一。悬挑的露台向河突出，与自然融合。设计者赖特曾说过，"流水别墅是地球上受到的最伟大的祝福之一。我认为没有其他地方能比这里用更简单的原则与自然调和共鸣。森林，小河，岩石，所有构成的元素都安静地融为一体，没有其他的杂音，只有小河静静流淌的声音。聆听流水别墅，就是聆听这里的寂静。"

天空住宅
Sky House

日本 东京都文京区 /1958
建筑设计　菊竹清训 / 工程设计　谷资信

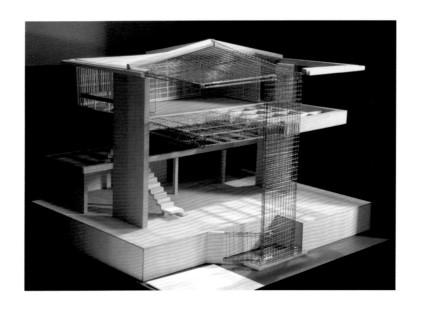

　　天空住宅是设计者菊竹清训的自宅，其中融入了新陈代谢派的思想，建筑随着用途的改变而发生变化。建筑的特点是四根壁柱支撑居室悬浮在空中，从下仰望时能看见漂亮的井格梁，再向上壁柱撑起了由四片双曲抛物面合成的曲面屋顶。建造的时候还处于结构分析技术发展的初期阶段，需要建筑师和结构师的协同工作。现在看来设计和结构协同工作是很普遍的事，但在私人住宅领域，天空住宅在日本开了先河。

　　建筑师对细致的门窗和井格梁的间隔等尺寸十分讲究，例如，壁柱的尺寸是以能正好纳入门窗来制定的。

　　模型的制作上，为了让人理解建筑师的执着，用大比例制作了细部，表现出简洁洗练的天空住宅的魅力。一部分模型做成了配筋支模模型，以便展示施工阶段的情形。

萨伏伊别墅
Villa Savoye

法国 巴黎 /1931
建筑设计　勒·柯布西耶（Le Corbusier）

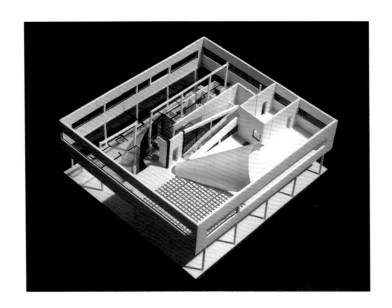

　　萨伏伊别墅是将柯布西耶提出的现代建筑五点（底层架空、屋顶花园、自由平面、自由立面、水平长窗）具体表现出来的建筑。混凝土框架结构，各层楼板是在梁和梁之间铺设中空板。因为使用了抗弯刚度很强的中空板，仅以单向梁支撑，南北两侧悬挑的结构以及墙壁独立于结构形成的自由平面才得以实现。外部四周的柱子都是间隔4 750毫米，内部柱跨少则1 250毫米，多则4 305毫米。

　　模型分为四种。一种是1:200的带基地的模型，展示了从道路到车库的路径。一层玄关处的曲线，是根据当时最新的雪铁龙车的转弯半径制定的，曲线由半径8 650毫米和半径6 500毫米两种圆组合而成。另外三种1:100的模型展示了一、二层和整体的模样。柱子则用三种颜色区分，白色的是从一层贯通到二层位置相同的柱子，黑色是只有一层有的柱子，灰色是只有二层有的柱子。二层起居室的地板被剥开，展示了当中的空心板。

药师寺西塔
West Tower of Yakushi-ji

日本 奈良县奈良市 / 白凰时代 (1981 年再建)

　　药师寺东塔古色古香，西塔色彩鲜艳，从双塔和谐的美和新旧对比中可以看出日本木构技术史。再建的西塔比东塔高一米，屋顶和屋檐大小的韵律感被美国艺术家费诺罗萨（Fenollosa）称为"凝固的音乐"，实际只有三层的塔屋檐看起来却有六层。"以往的屋檐都被认为是单纯的装饰，但是重建的过程中发现其实是重要的构造物。不是短裙而是兜裆布呢。"西冈师傅的话实在有趣。日本木塔中最大的特点是"心柱"，即在保存佛的舍利的地方竖立的標木。宗教上认为心柱是塔的全部，为了守护心柱会用三重、五重的屋顶围护。到了江户时代，塔被当作伽蓝的一种形式，心柱也在中途被切断，用锁吊在空中。西塔的心柱虽然是立在地上的，但不能说是结构上的"大黑柱"。也就是说，围着心柱的四天柱和侧柱，和外轮廓的结构是分开的状态。西塔的总重量约为630吨，存放着唐玄奘法师的舍利。西塔被认为"如果没有现存的东塔是不可能造出来的"。负责西塔结构的金田洁在调查和分析东塔之后，被其结构的精妙震惊了："东塔的结构加上现代的知识，循着前人的脚步建造新的塔。"

埃及金字塔
Pyramids in Egypt

埃及 / 埃及古王国时代

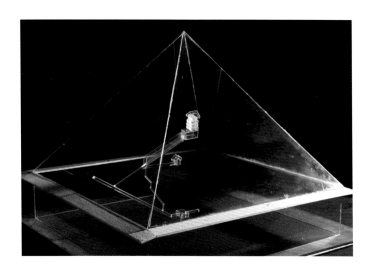

　　埃及的国土97%都是沙漠，尼罗河由南向北流经整个国家，全长6 700米，耕地的宽度不超过尼罗河两侧10~20公里范围。从古至今，埃及人民都是依靠着尼罗河来生活。白色的金字塔熠熠生辉，宛如纪念碑，阳光下又如灯塔，迎接着经由尼罗河从地中海去到埃及的人们。目前，埃及境内确认的金字塔数目是79座，其中，三角形的真正的金字塔有68座。更加值得注意的是金字塔的所在地和年代。距离三角地带100公里以内的西岸基本上都是在古王国时代的1000年左右集中建设的。"金字塔是法老权威的象征，是依靠专政和人民的牺牲建造

的东西"的看法，从希罗多德（Herodotus）的时代开始延续了很久。然而如今，将金字塔看作邪恶的王墓的观念越来越淡薄了；越来越多的观点认为它是在尼罗河泛滥期间（7~10月），"针对农民的失业而制定的全国的公共事业"。但是还有疑问：金字塔为何只在王朝时代的尼罗河北部三角洲集中建设？如果不是国王的墓穴的话，目的又是什么？

　　金字塔中谜一般的通路和房间，以及围绕着建造方式的新发现等，都在吸引我们走向充满想象的世界。

根据法国建筑师乌丹（Jean-Pierre Houdin）的假设"内部隧道说"而建的
"周边螺旋倾斜方式"模型。内部隧道说：金字塔内部占总体积15%的螺旋
状隧道空间。内部隧道总长1.4公里；周边螺旋倾斜方式：利用内部隧道，
通过斜面有效地运输、堆积，到了一定的高度再延长隧道。关于内部隧道，
还有其他各种说法。

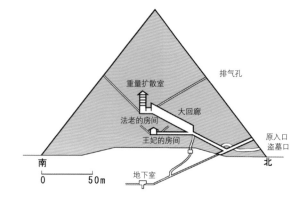

大金字塔的剖面。比其他金字塔的结构更复杂，中间没有改变过设
计，从头到尾贯彻了最初的设计方案。虽然现在里面是王墓，但说不
定最初建造的目的并非如此。

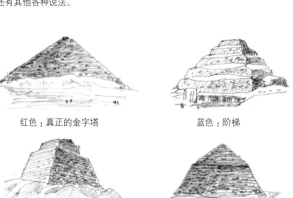

红色：真正的金字塔　　　　　蓝色：阶梯

黄色："石室坟墓"玛斯塔巴（mastaba）　　黄绿色：折线金字塔

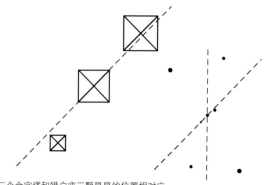

三个金字塔和猎户座三颗星的位置相对应

雅典卫城和帕提农神庙
Acropolis and Parthenon

希腊 雅典 / 公元前 5 世纪

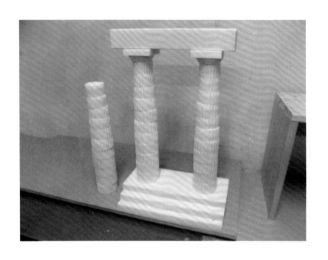

希腊首都雅典的中心耸立着高70米的石灰岩山丘。周长800米的山丘上，除了西面其他三个方向皆是悬崖峭壁，雅典卫城（Acropolis：高山上的城市）建筑群耸立于此。卫城中央的帕提农神庙（Parthenon：处女的房间），不仅是希腊美术鼎盛时期（古典期，公元前5~前4世纪）的代表建筑，从古至今也一直被认为是"最美的建筑"。

公元前447年，制定了古代民主主义制度的政治家伯里克利（Pericles）联合建筑家伊克蒂诺斯（Ictinus）和卡里克利特（Callicrates）以及雕塑家菲狄亚斯（Phidias），一同设计了供奉雅典娜女神的帕提农神庙。但这座集结了全希腊的能工巧匠而建

成的神庙，这个雅典的繁荣象征，随着古典世界的衰退也逐渐失去光辉。拜占庭帝国时代（Byzantine），作为基督教的教堂，雅典娜像被搬到了君士坦丁堡（Constantinopolis）；15世纪后叶，在奥斯曼帝国（Ottoman Turks）的统治之下，神庙被改造为伊斯兰教教徒的清真寺，发生了决定性的改变；1687年，被威尼斯（Venezia）军追赶的奥斯曼帝国在雅典卫城躲藏，一发炮弹击中了被当作军火库的神庙，20多根柱子都被炸飞，神庙瞬间成为废墟。然而即使这样，传递着人类的智慧和愚蠢的帕提农神庙，今天还是屹立于我们眼前。

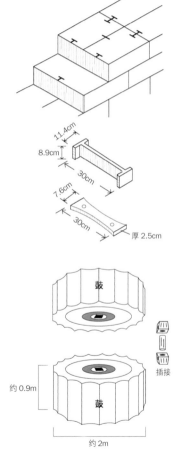

上图：帕提农神庙最引人注目的应该是外观了。基座和圆柱不是完全水平垂直的，而是微妙的弧线。可以看出设计者想要减少重量感，而表现出轻快的效果。为了增强雄伟壮观的力量感，柱子的直径向上逐渐缩小，但中途却意外鼓了起来。这种圆柱收分（entasis）的技法经过丝绸之路传到日本，从法隆寺开始，在日本寺院建筑中也能见到。

左图：下部直径约2米，高度约10米的巨大圆柱，是由搬运和搭建都十分便利的圆形石构成的。结合面中间开一个小孔，中间插着木片。这不仅是为了提高施工精度，地震时木片也能防止上下的圆石之间出现大的裂缝，从而吸收地震的能量。

塞金纳特伯桥
Salginatobel Bridge

瑞士 / 1930
建筑设计 / 工程设计   罗伯特·马亚尔（Robert Maillart）

塞金纳特伯桥建于1930年，白色的拱形轮廓就像把爪子深深扎进悬崖峭壁一跃而出的巨兽。这座桥背向昏暗的森林，朝阳中的拱表现出炫目的紧张感和舒展感。放眼望去皆是山峰和树木，伴着放牛的铃声和溪水的流淌声，在这样美丽的阿尔卑斯山中，竟然有与自然如此协调的美丽构筑物，实在让人惊奇。

设计者罗伯特·马亚尔 1872年出生于瑞士的伯尔尼，1940年于日内瓦去世，享年68岁。就像许多伟人一样，马亚尔的一生一直默默无闻，但在多年的隐忍之后他终于等到了最后的机会——塞金纳特伯桥的竞赛。在塔华纳莎（Tavanasa）桥建成之后，混凝土面状静定结构的单纯化问题终于得到了解答。这位当时已经58岁的结构师打开幸运之门通向第二次黄金时代。这座桥在S. 吉迪恩在《空间 时间 建筑》（1941）一书中第一次与现代建筑一起进行介绍，并被誉为技术与艺术的杰作。

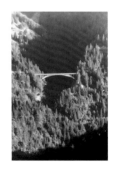

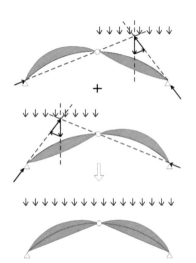

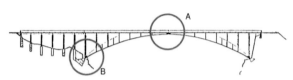

塞金纳特伯桥 混凝土的两个铰接点

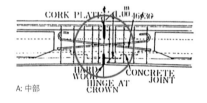

A: 中部

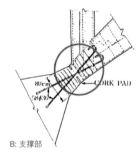

B: 支撑部

上图：马亚尔设想的"结构"，第一是静定拱运行过程中的应力状态，以及温度和支点变化的抵抗能力。三个铰接点细部的设计让人惊叹。第二是单侧承重产生的曲率图得出的新月型形状。

左图：即使跨度达到90米，3.5米的宽度也还是太狭小了。这座混凝土桥只能勉强通过一辆车，是为对面山中居住着50人左右的村子特意建造的。如此单纯的建造动机，对于将建筑理解为一种消费的我们来说很难理解。但是，正是这种下了决心的投资，才创造出了那些耐久度和美感上都能称为名作的作品。

虽然现在团体旅行十分流行，但希望这里是一个例外。恐怕对憧憬着海因茨·伊斯勒（Heinz Isler）和卡拉特拉瓦的独创世界的人们来说，这里是想要独自静静地参观体验的"巡礼之地"。

张弦梁实验
Beam String Structure

日本 /1986

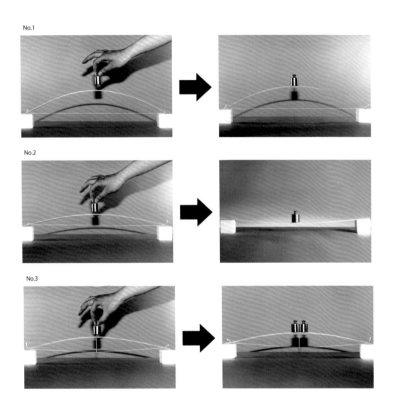

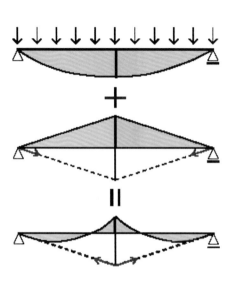

高度很高的系杆拱（tied arch）能承受很大的荷载。拱的侧推力被弦吸收，使得形态不会崩坏。如果拱的高度逐渐变低，拱会突然失去形态而变成梁。弦受的张力和自身的伸展互相影响，加速了崩坏。与二号实验相同高度的拱，在拱和弦之间加入了小弹簧（束）。拱和弦（string），弦和弹簧的压力和拉力互相平衡，使拱的形态不会崩坏。

上图：导入预应力控制梁的应力（弯矩变形）。

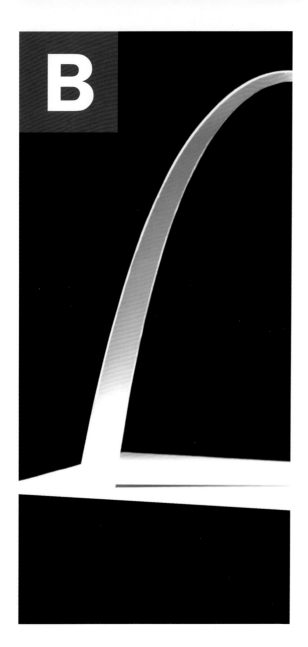

20 世纪的建筑和技术
Architecture and Technologies in 20th Century

以1950~1960年代为中心，

曾经有过结构表现主义的思潮。

这种思考的本质意义是什么？

它带来了什么又忽视了什么？

现在让我们重新来思考一下。

结构相对于空间和形态，

本来就是有普遍的表现力的。

但如何处理它和建筑主题的关系，

是表现抑或隐藏，这是个人或者时代的选择。

19世纪"钢铁时代"的工程师们，

轻松超越了人们对于空间尺度的想象能力。

20世纪后，

更是为表现建筑形态上的感性插上了自由的翅膀。

个人和团体，或者是跨越不同职业的共同协作，

都增加了材料和系统上形形色色的可能性。

以成熟的技术为背景，

除了对于仅仅某一次建设应用的技术探索之外，

还存在着微小却能继续发展的原初性技术。

建筑结构设计所拥有的此类视点也值得尊重。

圣玛利亚教堂
Saint Mary's Cathedral

日本 东京都文京区 /1964
建筑设计　丹下健三 / 工程设计　坪井善胜

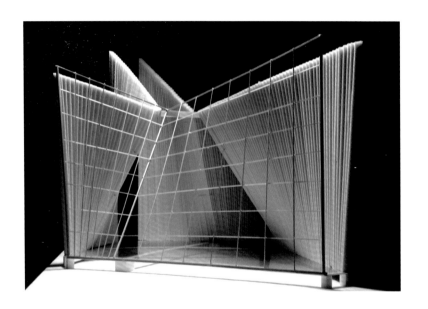

　　1962年受邀参加竞赛并中标的建筑师丹下健三的东京教堂的方案，是双曲壳体垂直组合的结构形式，在都市的天际线中创造出高耸垂直的形象。室内空间把壳体表面的坑洼如实暴露出来，伴随着上升感形成了神秘的空间。结构上依靠八片双曲壳体互相支撑使建筑站立，十字交叉处用受压构件固定，为了抵抗曲面向外扩张的力，在地板下十字状布置了受拉构件，才使得建筑最终成立。

　　虽说壳体是双曲抛物面，但曲面是依靠直线斜率的逐渐变化而成的。模型制作也灵活运用了这个特点，尝试用直线来创造曲面。采取抽象的表现方式，省去了本来应该贯通曲面的体量，只表现了双曲面本身。八个曲面中的两个面用线组成网状的面，让人感受到超越身体尺度的庄严的内部空间。

© 斋藤公男

杰弗逊纪念碑
Jefferson Memorial Arch

美国 圣路易斯 /1964
建筑设计　沙里宁（Eero Saarinen）
工程设计　弗列特·塞弗劳（Fred Severud）

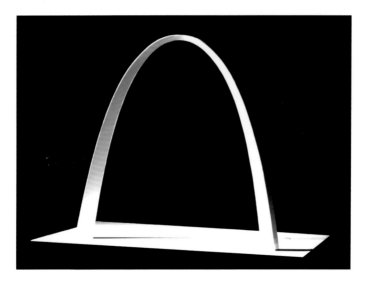

© 斎藤公男

提到纪念碑，都会想到厚重的雕刻形象。超越这样的常识，单纯地只是一道拱作为纪念碑的感受到底是怎样的呢？

"通向西部的门"（Gateway to the Wset），多么动人的名字。从密西西比河到大西洋的广阔的美国西部的开拓史，将这段时间与空间鲜明地形态化的建筑，被评为最优秀的作品，令人无比惊叹。

这个拱巨大而优美，跨度和高度都达到了190米。不锈钢包裹钢筋混凝土的正三角形断面，是功能、造型、结构的结合。拱形的曲线是与自重相应的，需抵抗巨大的面外风荷载。光与影、光辉与透明、力量与纤细，编织而成一场四维的表演。

河岸边的绿丘是地下博物馆的入口。从那里可以乘上四人坐的吊篮，环绕上升，从形如八目鳗的小窗望出去，满眼是苍茫的大地。施工的最后一环，是往拱内注水降温，待形状恢复后在顶部的间隙嵌入最后的中心石。

竞赛17年之后拱才最终完成。在完成的三年前，小沙里宁就已经带着他那可媲美赖特的宏大想象力与创造力离开了这个世界。

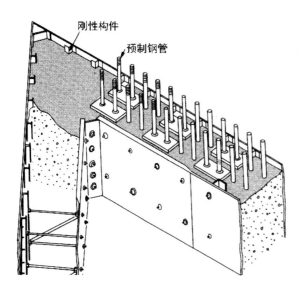

刚性构件

预制钢管

日本世博会 祭典广场大屋顶
EXPO'70 the Space frame for the Symbol Zone

日本 大阪府吹田市 /1970
建筑设计　丹下健三 / 工程设计　坪井善胜，川口卫，
平田定男

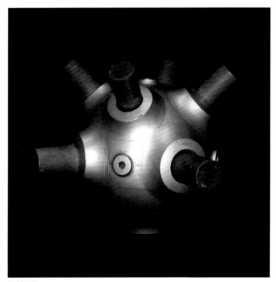

© 川口卫

© 川口卫

这个大屋顶是宽108米，长291.6米，梁高7.637米的巨大的空间框架。上下表面由10.8米的正方形网格组成，节点以长10.8米的斜材连接成角锥状，双层骨架在离地30米的高度上以六根柱子支撑。

屋顶的内部是二层的展览馆，设置了可容纳数千人的展示空间。这个屋顶不但规模大，且荷载密度非常高。材料的轴力远大于一般的空间结构。此外，出于施工性、工期、经济性的考虑，开发了全新的铸钢技术，机械接缝技术。大屋顶的顶面是世界上首个使用透明充气膜屋顶面板覆盖的设计。

大屋顶结构的施工是整体在地上组合，沿着六根支柱以空气起重器提起。在此过程中，由于起重机不规则上升，为了不对精细的空间结构造成影响，开发了采用天平原理的机械平衡器（均一化装置）进行组装的技术。

古埃尔领地教堂
La Esglesia de la Colonia Guell

西班牙 巴塞罗那 / 1898
建筑设计 / 工程设计 安东尼 · 高迪〔Antonio Gaudi〕

　　古埃尔领地教堂尽管最终并未完成，却堪称高迪的杰作。他综合了多次革命性的建筑学尝试，首次实践在这个作品之中。这也成为高迪最后的圣家族大教堂结构设想的一部分。

　　这个建筑最大的特征是使用了悬垂拱。悬垂拱结构的使用将重量荷载的问题简化，并使内部空间的光滑流动与力的强度得以共存。其次，对整体协调的把握在这个作品中随处可见，材料的颜色、质感与周围的植被土壤保持一致。

　　展示模型是根据现存的图纸所示，将上部的结构反向吊挂的概念模型，表现出了由吊挂这样非常单纯的结构系统构成的内部空间的阴影。这两个模型在同一块板上下展示，表现了因重力的缘故拉力反转变为压力，建筑的重量最终传向地面的方式。

古埃尔公园
Park Guell

西班牙 巴塞罗那 /1900—1914
建筑设计 / 工程设计　安东尼·高迪（Antonio Gaudi）

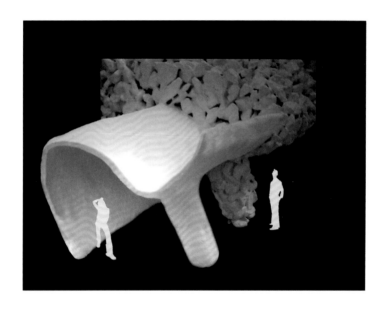

高迪在古埃尔公园中，顺着丘陵的高低起伏，砌筑了一系列构筑物，有的做成挡土墙，有的做成了高架桥。这个作品中拱的剖面是随着挡土墙的压力变化而变化的，展示了高度的合理性。

水平方向土的压力由梁和梁间拱（bovedilla）垂直组合的系统支撑。这是以抵抗土压的静力学为基础的形态，挡土墙沿着力的方向倾斜。而垂直方向的土压则是通过拱的弧形被大地吸收。

连续的柱群之中，有的柱子展现出了很强的力量，其他则是如同树的生长一般呈螺旋状旋转落到大地上。此外，选用的材料也是当地产的原石，并用小石等材料作为面材。这种将人工和自然巧妙结合的手法，使得建筑宛如自然之物与周围环境融为一体。

透视模型表现了运用悬垂线的拱结构系统，反向吊挂实验再现模型则表现了垂直方向巨大的重力。

圣家堂的螺旋楼梯

Spiral Staircase,Sagrada Familia

西班牙 巴塞罗那／1882
建筑设计／工程设计　安东尼·高迪（Antonio Gaudi）

高迪是追求合理性的设计师。比起图纸，他更喜欢制作模型，并在建筑开始之前反复进行缜密的实验与研究，再决定建筑的形态。高迪的建筑造型看上去十分复杂，如同装饰一般，实际上是将材料特性中十分现实的功能性几何学结构发挥了出来。

1883年，31岁的高迪担任了新的圣家堂的主持建筑师，他提出了超越时代的全新提案：一种森然壮丽的意向。圣家堂成为高迪最广为人知的杰作，被誉为"以石头写出来的圣经"。高迪和他的助手用手完成了这惟妙惟肖的雕刻和有机生物的主题。

模型关注的螺旋形的小楼梯，是如同菊石一般的有机形状的。楼梯的中心是为了配置管道预留的空洞，中央并没有结构，整个塔只有墙壁和楼梯而已。模型清晰地表达了墙壁与楼梯一体化的结构。

© 材料与结构设计（今川）研究室

飞利浦馆（电子音诗）

Pavillion Philips "Le poeme electronique"

比利时 布鲁塞尔 /1958
建筑设计　勒·柯布西耶（Le Corbusier），
伊阿尼斯·塞纳基斯（Iannis Xenakis）

　　1958年布鲁塞尔世博会期间，世界著名的家电制造商飞利浦公司邀请勒·柯布西耶为其设计场馆。为表现出公司先进的形象，还制作了由光、声音、画面构成的10分钟左右的短片，在这个能容纳近500人的建筑物里以立体的方式投影出来。

　　受柯布西耶巨大帐篷状的草图的影响，塞纳基斯采用了在钢筋混凝土框架中悬挂双曲抛物面的做法。曲面是考虑光和画面的投影效果以及减小回声而设计的。为了实现双曲抛物面，用砂山堆出建筑形状，将一米见方的预制混凝土板并列摆在曲面之上，用二重钢缆布成网状施加预应力，把预制混凝土板箍筋。

　　制作模型时，根据高度和平面形状所求出的抛物线来假定建筑的双曲抛物面，并用线材来表现曲面，曲面上太大的地方若干线材的端部被折断了。有趣的是，在实物的曲面上同样是强行将钢索收入其中的。

© PHILIPS

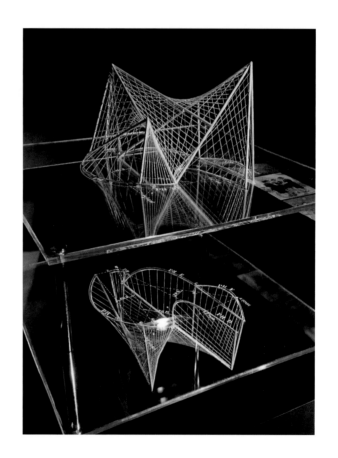

曼海姆多功能大厅
Timber Gridshell,Mannheim

德国 曼海姆 /1975
建筑设计 弗雷·奥托（Frei Otto）
工程设计 埃德蒙·哈波尔德（Edmund Happold，奥雅纳公司）

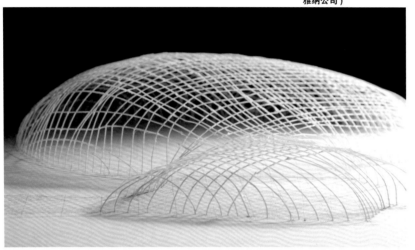

弗雷·奥托毕业于柏林工业大学，随后前往美国，师从于赖特、沙里宁、密斯、库姆斯。他着迷于多顿体育场（J.S. Dorton Arena）的设计，因而执意追求悬吊结构，在1954年通过悬吊屋顶的研究取得了博士学位。他很早就对于网壳结构感兴趣，试图推进关于张力膜和索网结构的研究与开发。

在1967年蒙特利尔世博会上，与西德馆并列的两个跨度分别为20米和17米的网壳结构受到了人们的关注。随后在1969年，他与建筑电讯派（archigram）协作完成的"蒙特卡洛计划"挑战了有机的自由曲面，并持续到了后来的曼海姆项目中。

曼海姆多功能大厅可以说是弗雷·奥托跨越20年研究的集大成之作。屋顶面积4 700平方米，最大跨度60米的复杂的曲面形状，构件的长度是根据索网的逆向悬吊实验决定的。由间距50厘米的网格构件（5×5厘米）构成的网格在地上组装而成，放到拱顶内部后材料会因自重而弯曲，自然形成曲线。升起的拱顶通过脚部边界点固定后，四层的格子材料通过螺栓和三个弹簧垫圈连为一体。与自重相对，建筑尽可能柔软，以抵抗风荷载和雪荷载。这是网壳结构的基本原理。

© 斋藤公男

约翰逊制蜡公司大楼
Johnson Wax Headquarters

美国 威斯康辛州 /1944
建筑设计　弗兰克·劳埃德·赖特（Frank Lloyd Wright）

约翰逊制蜡公司大楼是蘑菇型的柱子连续陈列形成的大空间，为了打破箱型设置了玻璃管光带，从空隙中投射出光线，表现出自由的立体结构。蘑菇型的柱子圆筒的部分是中空的，金属网作为辅助材料填充，网格状的钢筋混凝土强度得以提高。

展览中把概念特征——"蘑菇型的柱子"的部分制作了模型。为了表达由柱子构成的空间，制作了由一定数量柱子相连的小比例模型，又制作了大比例的模型来表达柱子的形式和结构，不同比例的模型表达了单个蘑菇型结构体和多个相连的结构体这两种类型，可以让人实际地感受到不同结构的强度。

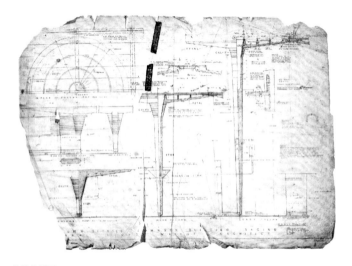

结构体详图

结构体单独出现时处于非常不稳定的状态　　　　多个结构体同时出现时处于稳定的状态

国立京都国际会馆 设计竞赛方案
Kyoto International Conference Center,Competition

日本 京都市 左京区 /1963
建筑设计　菊竹清训 / 工程设计　松井源吾

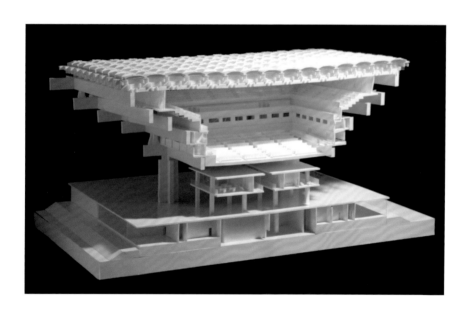

　　这个作品是1963年京都国立国际会馆设计竞赛中菊竹清训应征设计的方案。

　　菊竹首先以"议论在何处进行"为题，探求了人与人的交流在什么时候，什么场合最容易发生等问题，以及这类人类空间的存在形式。会议之间的间歇一边休息一边说话恐怕才是真的议论，如何确保会场周边聚集说话的空间能够影响到会议的进展呢？所以就形成了对周边的自然景观一览无遗的"仓斗状"形式。会议、运营、管理，不同机能的空间在同一层内形成体系，以休息室为核心的空间构成使相互交流成为可能。

　　这个提案设计了斗拱一般的外观和木建筑的立体梁一般的造型，以及随处可以到达会场的动线，在思想上引广泛的讨论，直到现在对建筑界依然有巨大的影响。

东京国际会议中心
Tokyo International Forum

日本 东京都千代田区 /1996
建筑设计　拉法埃尔·维尼里奥（Rafael Viñoly）
工程设计　渡边邦夫

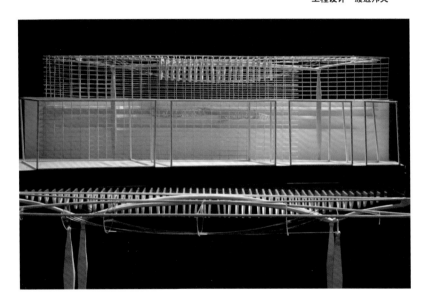

　　东京国际会议中心是日本国内首个被国际建筑师大会（UIA）认可的综合文化设施设计。建筑由玻璃前厅为主的四个大厅、一个展示厅以及34个会议室等构成。

　　玻璃大厅集合了当时先进的结构和施工技术，在东京丸之内这样交通拥挤的城中心实现了大空间。它由卵形平面的中庭玻璃厅和侧面的会议楼两个体量构成，多个结构系统相互关联。

　　船型的屋顶结构，是由拱形材和悬挂材相配合，并用肋拱材固定而成的。垂直荷载由124米的两根大柱子承受。地震力、风力以及电车摇晃产生的水平荷载由会议楼承受。因为只有两根柱子支撑屋顶，屋顶会向短边方向转动；为了防止这样的情况，借助玻璃幕墙上的竖挺结构的轴力使之稳定，多种结构相互支撑的同时形成一个大空间。

　　模型表现了构成大空间的屋顶结构的拱形材和悬挂材的结构系统，以及玻璃幕墙的竖挺结构。

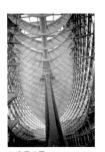

© 斋藤公男

蓬皮杜中心
Centre Georges Pompidou

法国 巴黎/1977
建筑设计　伦佐·皮亚诺（Renzo Piano），罗杰斯
（Richard Rogers）
工程设计　奥雅纳公司（Ove Arup & Partners）

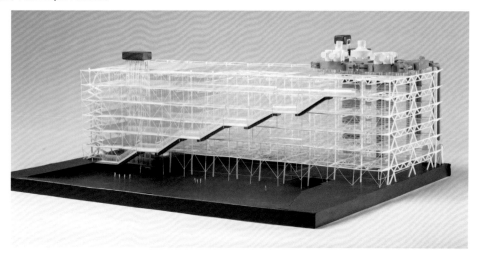

蓬皮杜中心是巴黎建设的综合文化设施。在1971年的国际竞赛中中标的皮亚诺和罗杰斯的方案，是面向未来的工业化的提案。与巴黎的传统街道相对的挑衅的形态，引起了如同当年建设埃菲尔铁塔时相同的争论。从那时开始，蓬皮杜中心每年接待700万到800万入场者，已成为巴黎不可或缺的建筑。

建筑由166×50米的无柱空间和支持它的长达48米的桁架梁与8米的巴雷特梁（Gerberette）组成。为了实现灵活的展示空间，一切多余的设备都被排除，彩色的管道（东）和主要动线的自动扶梯管（西）裸露在外。这里值得注目的结构是巴雷特梁——它吸收了从梁传递而来的弯曲应力，使得建筑材料上的应力全部转变为了轴力。从而让这个大空间建筑中的钢材尽可能的细，动线和设备也得以放置在室外。

模型表现了建筑的三个特点：灵活的无柱空间、实现它的结构以及彩色管道与结构融为一体，将设计概念和结构通过一个模型表现出来。另外，主要的结构和巴雷特梁的组成通过原理模型和详细模型来表现。

整体模型　　　S=1/250

蓬皮杜中心具有魄力的样子，是从希望
实现灵活的展示空间而把无用的东西全
部推到外面开始的，结果就是整个建筑
的结构和设备管道全部暴露在外，形成
了"工厂"般的形态。模型从左到右分
别对应设计、结构、设备三个方面，把
各个方面独立地表示出来。

1 设计部分　2 结构部分　3 设备部分

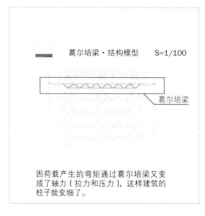
葛尔培梁·结构模型　　　S=1/100

葛尔培梁

因荷载产生的弯矩通过葛尔培梁又变
成了轴力（拉力和压力），这样建筑的
柱子就变细了。

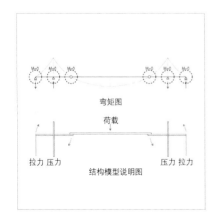

弯矩图

荷载

拉力　压力　　　　　　压力　拉力
　　　　结构模型说明图

巴雷特梁 详细模型　　　S=1/10

巴雷特梁

建筑的曲率集中在巴雷特梁上，巴雷特梁表现
了抵抗弯曲的形式。

仙台媒体中心
Sendai Mediatheque

日本 宫城县仙台市 /2000
建筑设计　伊东丰雄
工程设计　佐佐木睦朗

　　仙台媒体中心仅由限定建筑的平板和穿越其中的管状空间构成十分纯粹的结构系统，包括由细长的钢管组成双曲面网格壳体（HP Lattice Shell）的透明管状空间的主体结构，和由夹心钢板结构形成的极薄地板。

　　大小不同的13个独立的轴（2~9米），是用细径厚壁的钢管（FR钢）形成圆筒状的钢骨独立轴组成的立体结构。其中四个大口径的主要管状空间是抗震用的塔状悬臂支架，地下一层是柔韧型的框架结构，地上部分由单层的桁架构成双曲面。其他九个小口径的管状空间与水平力无关，主要支撑竖向荷载。

　　钢楼板由三夹钢板结成，厚40厘米左右，考虑到其20多米的跨度，这样的厚度可以说是非常薄的。仅由13个管状空间支撑就实现了边长50米的无梁板结构。

　　模型表现了钢骨独立轴（管状空间，主要是钢管桁架结构）和钢板的平板（蜂窝板，三夹钢板结构）构成的结构。

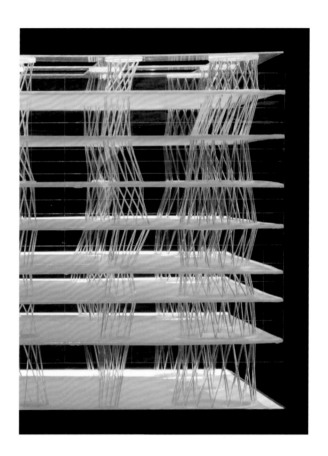

冥想之森 市营斋场
"Meisou no Mori"Municipal Funeral Hall

日本 岐阜县各务原市 /2006
建筑设计　伊东丰雄
工程设计　佐佐木睦朗

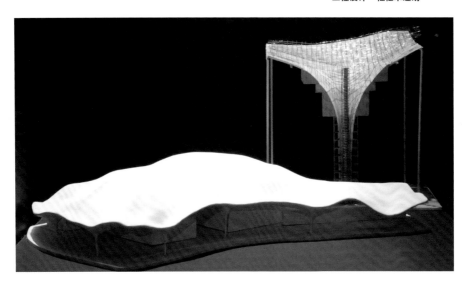

岐阜县各务原市为了改造一所老旧的火葬场，而重新设计了一座殡仪馆，作为整个公园大规划中的一部分。

一整块曲面屋顶如同悠然飘动的云一般，将建筑完全覆盖，颠覆了以往的殡仪馆的意象，形成柔和的新空间。建筑采用钢筋混凝土结构，屋顶的自由曲面壳体由严格控制平衡的四个抗震核与内藏钢筋的12根圆锥柱支撑。屋顶的曲面形状是根据结构师佐佐木睦朗的形态解析最终确定的，既符合建筑概念，同时应力分布也最好。

该曲面的施工是根据CAD图纸在工厂切割的56×100毫米的主梁，以一米间距布置，以螺栓固定，其上以75×12毫米的托梁，一根一根一边弯曲一边五层重叠安装在主梁上，然后在完成的框架格子上贴上厚度12毫米的胶合板。其中曲面型的框架均以传统工法制成。

模型是表现主体结构的混凝土自由曲面和支柱以及抗震核的整体模型，真实再现了施工的工序。混凝土壳体的框架和钢筋则通过局部模型加以展示。

霍奇米尔科的餐厅
Xochimilco Restaurant

墨西哥 /1957
建筑设计 / 工程设计　费利克斯·坎德拉（Felix Candela）

　　坎德拉的职业生涯如同一阵风一般。他被称作"空间的魔术师"、"冒险的建筑家"，巅峰时期是在40岁到50岁的这十年间。像他这种类型的建筑师前所未见，如同疾风掠过，却深深地留下了冲击的波纹。

　　坎德拉引起世界瞩目的作品是宇宙船研究所（1951，墨西哥）。这是第一个双曲面的建筑，跨度10米，受宇宙船通行条件的限制，顶部厚度仅15厘米。1954年，坎德拉的作品进程结构（Process Architecture）拉开了结构计划论立体结构（Stereo-Structure）的盛大序幕。当时结构技术的专家萨尔瓦多（Salvatore）、魏德林格（Weidlinder）、赛维拉罗都提出了批判与反对，并在结构界引起了关于立体结构的争论。

　　霍奇米尔科的餐厅曲面跨度30米，中心到端部悬挑21米的四个马鞍形曲面相连，厚度只有4厘米，但在落脚处增至12厘米以补充强度。

　　餐厅位于城市以南23公里，以游船闻名的霍奇米尔科公园的水边被公认为是坎德拉的代表作。餐厅的屋顶已经多次修补，不断的室内装修使得原本的相貌不复可见。

海姆堡的游泳池
Swimming pool, Heimberg

瑞士 海姆堡 /1979
建筑设计 / 工程设计　海因茨・伊斯勒（Heinz Isler）

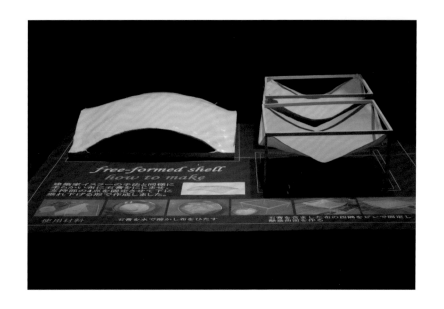

© 斋藤公男

曲面结构的力学特征是通过抵抗与荷载相对的面内应力，用厚度很薄的面覆盖大空间。特别是反向悬挂型曲面，在重力的作用下，将只承受拉力的悬垂曲面进行翻转，由于逆转原理，在重力的作用下，面内变成只有压力作用，张力和弯矩都几乎为零，是钢筋混凝土结构最理想的应力状态。

这个反向悬垂型曲面是瑞士建筑师海因茨・伊斯勒确定的，他一直在研究薄壳曲面，将高迪曾用过逆挂拱的原理应用于三维空间中，得到面内只承受压力的曲面，并将之运用于实际建筑中，到目前为止已用这个手法建造了2 000多个新的壳体结构，实现了30多个不同类型的壳体。

模型的制作与伊斯勒使用的方法一致。首先，用布渗满石膏，将四点固定，布自然下垂后，表面薄膜成为整体只承受张力的膜应力状态。待石膏硬化后整体上下翻转，就得到四点支撑的只承受压力的薄壳曲面结构。

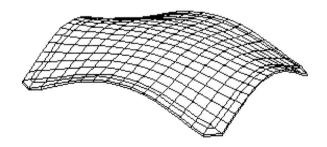

上图，从左至右：

•使用材料。

•石膏用水融化，把布浸入。

•将浸透石膏的布的四个角用大头针固
定，形成悬垂曲面。

•和建筑师伊斯勒用相同的手法，将柔
软的布浸入石膏，固定住支撑的四个
点，就形成了下垂的形状。

日本世博会 富士集团馆
EXPO'70 Fuji Group Pavilion

日本 大阪府吹田市 /1970
建筑设计　村田丰
工程设计　川口卫

© 川口卫结构设计事务所

　　大阪世博会上的富士馆有着让人惊奇的形态，给人留下相当强烈的印象。这种形态由空气膜筒体形成的拱群组合而成。拱群的定义是通过将拱群沿着圆形平面的外周排列，一边保持着连续的边界线，一边维持着相同的长度和厚度。满足条件就可以得到这样的形态。这种定义不是决定各自的形态，而是整体如何组合叠加，这样自然而然就形成了独特的形态。为了实现这种形态选择了空气膜结构，其规模大约是2 000平方米，能够覆盖10层高的建筑，是当时世界上最大的空气膜结构。

　　为了让参观者了解这种形态的定义，展示模型被制作成可动式的，可以让参观者自己弯曲16条半圆形管，制作成拱群。这种可动式的体验能够让人感受到各种形态的定义。

熊本公园穹顶
Park Dome Kumamoto

日本 熊本县熊本市 /1997
建筑设计　高桥靗一 + FUJITA
工程设计　木村俊彦 + FUJITA

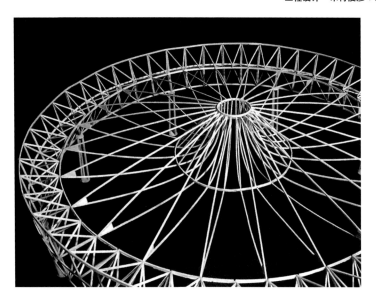

熊本公园穹顶是一个设计竞赛的获胜方案，此竞赛的目标是创造能让大家轻松愉快地享受各种体育活动的场所为目标的竞赛中，熊本公园穹顶是从中选出的最优秀方案。

设计概念是"漂浮在大地上的屋顶"。主体位于场地中央，覆盖着直径107米的双重空气膜结构大屋顶，形成浮云的意象。中央圆锥形结构控制了双重空气膜的内部空气层的厚度与形态，并由环形桁架间上下各48根的拉杆连接支撑。在环形桁架四周的蜂窝状结构创造了具有自然的采光和通风、音效良好的穹顶。

模型展现了公园穹顶的双重空气结构，并表达了内部的结构和柱子的关系，试图表现出真实结构的美。

© FUJITA

东京巨蛋
Tokyo Dome

日本 东京都文京区 /1988
建筑设计 / 工程设计
KAD 共同设计室（日建设计、竹中工务店）

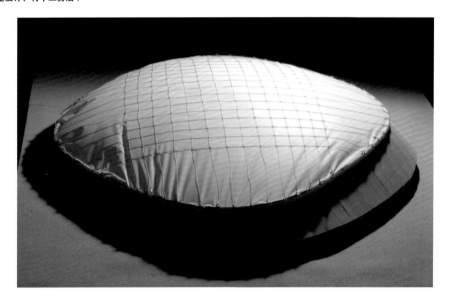

© 斋藤公男

　　由于原有棒球场的老化，提出了全天候多功能体育馆的计划。由于日本独特的气候条件，开发建造空气膜结构在当时是完全无法想象的。由于周边的环境如小石川后乐园和街道环境，建筑的屋顶整体有1/10的坡度，南侧墙面的玻璃遮阳板减弱了墙面的压迫感。

　　为了保证空气膜结构的安全性和使用，内部压力的控制是很重要的。东京巨蛋根据气象条件和建筑的使用状态，设定了十多个不同等级的内压值。

　　为了让内压能正确迅速地调整到设定的内压值上，必须有送风机、阻尼器、融雪器等自动调节系统，根据风速计、积雪计、内压计、屋顶变形计等感应器的信息调整。其精密合理的系统被当时世界上的工程师大为称赞。东京巨蛋在计划、结构、设备、施工各方面成功整合了硬件和软件设备，这也是之后开闭屋顶、抗震、监测器等结构系统的起点。

东京巨蛋的充气过程

形式与技术的交汇点
Interface Between the Image and Technologies

建筑的形式是必须思考的事物。

一切都是以此出发的。

形式具有空间、形态、功能、性能等属性。

在此，以什么样的技术能够实现呢。

这就是建筑结构创新工学设计展的目标。

有时，透明的空间、有机的形态、对功能的随机应变、

与景观的协调、室内环境的调节等会形成强有力的形式。

而创新性的结构技术（材料、结构、施工法）、安全性与经济性、

对自然能源的利用及手工制作的临时空间等，

这些技术有时也会成为形式的核心。

换言之，形式是设计的使命。

无论如何，

这种形式与技术的交叉点是每个人都关心的事物，

是对整体设计的关心努力。

计算机具有的潜力与之后的走向，

是今后的课题。

悉尼歌剧院
Sydney Opera House

澳大利亚 悉尼 / 1973
建筑设计　约翰·伍重（Jorn Utzon）
工程设计　奥雅纳公司（Ove Arup & Partners）

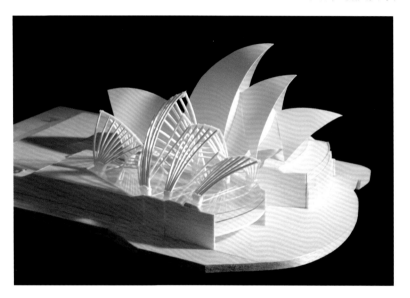

1956年冬，悉尼市政府举行了歌剧院国际设计竞赛，年轻的丹麦建筑师约翰·伍重获胜。当时特罗哈、奈尔维、坎德拉等人已经实现并发展出全新的薄壳结构，伍重的梦想是实现他草图中描绘的自由的造型。当时，谁都没有想到完成这个建筑需要16年之久。

由于政治原因，1959年3月就开始了第一期基础部分的建设，但设计其实尚未完成，而各种问题也接踵而至，就这样四年半的时间过去了。

1961年夏天，伍重已经确定壳体无法实现，但仍无头绪，后来突然想到了球面几何。他根据球面体选择了预制预应力肋拱的施工方案，用三年完成该施工方案。又花了三年，直到1967年完成上部的瓷砖贴面施工。然而天真的伍重在政治面前精疲力尽，他放弃了最后的室内设计部分。1973年在伊丽莎白女王举办的盛大的开馆仪式上，伍重十分落寞。30年后的2004年，伍重获得了普利策奖，悉尼歌剧院则在2007年成为世界遗产。

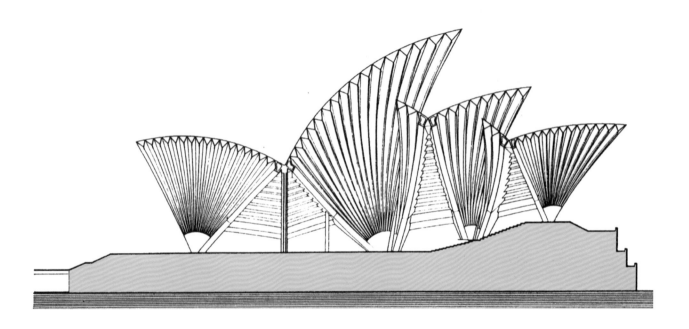

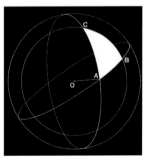

上图：1963年的预制系统(prefabri-cation system)最终方案，以此绘制了全部的施工图，并建造施工。

左图，从左至右：
- 伍重竞赛方案中描绘的景象。
- 悉尼歌剧院的球面几何原理。

顺时针：

- 傍晚，明亮的灯光照亮了悉尼歌剧院，来用餐和观演的人络绎不绝。让人联想起哥特建筑中的肋骨拱顶（rib vault）般的厚重，带有温暖感觉的混凝土和夜里透过透明的大开口向外发出的光芒，让人认识到这个建筑的魅力并不是只有外观。
- 从休息室望向海港大桥（harbor bridge）。
- 从餐厅看向市区。

国立代代木竞技场
National Gymnasiums for Tokyo Olympics

日本 东京都涩谷区 /1964
建筑设计　丹下健三
工程设计　坪井善胜

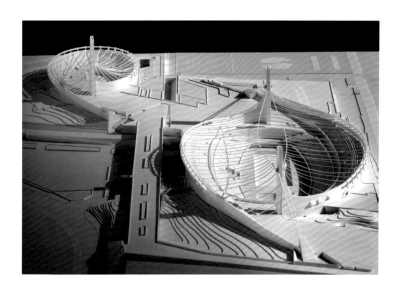

© 斋藤公男

战败15年后，奥林匹克运动会的举办成功营造了国家形象，使日本再次回归国际社会，每个日本人都欢欣鼓舞，希望"创造出让世界夸耀的建筑"。

首先建筑和结构两个团队开始构想基本的形式各自制作了大量的小模型，对城市和景观、功能和形态、结构和施工方面进行了深入的讨论。

"封闭空间的开放"概念把原宿和涩谷车站之间的联系具体地形式化，并使空间构成系统结构化。

当时悬索结构刚刚诞生，结构的设计和施工方法都没有经验，完全是摸索前进。计算机也还没有出现，只能依靠大量的人工计算加上电动计算器。

日本的现代建筑中，没有能像代代木竞技场一样在竣工40年后仍保持着新鲜感和魅力的。川口卫总结了代代木竞技场的四个主要特征：

- 结构和建筑设计的高度整合。
- 首次把铸钢用于主结构材料，并尝试其建筑上的表现力。
- 首次把悬索屋顶作为半刚性构件。
- 在大跨建筑上首次运用抗震的概念。

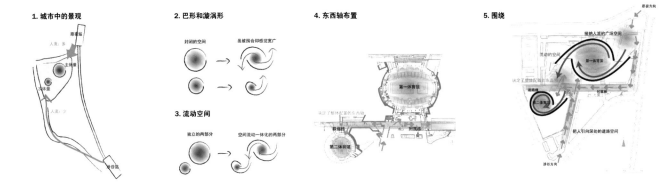

1. 城市中的景观

2. 巴形和漩涡形

封闭的空间　　　虽被围合却感觉宽广

3. 流动空间

独立的两部分　　　空间流动一体化的两部分

4. 东西轴布置

决定了整体配置的东内轴

第一体育馆

软接栋

附属栋

第二体育馆

涉谷站

5. 围绕

思宿方向

接纳人流的广场空间

流动的空间

决定了整体配置的东内轴

第一体育馆

软接栋

第二体育馆

涉谷站

把人引向深处的道路空间

1.城市中的景观
由于距离车站更近，在更多人进出使用的原宿站前设置了主体量第一体育馆，在涉谷站前设置了次体量第二体育馆。从原宿站进入的时候，在广场上会被第一体育馆戏剧般的立面吸引。与之相对，从涉谷站过来的时候，爬过缓坡穿过街道，就这样从街道空间慢慢把人导入基地深处。
从思考两种不同进入方式出发，设计成了把城市空间包含其中的景观。

2. "巴"字形和漩涡形
虽然平面是圆形，但实际上第一体育馆是"巴"字形，第二体育馆是漩涡形。这两种形状与完全封闭的圆形不同，形成了内外互动的更广阔的空间。

3.流动空间
"巴"字形和漩涡形的形状通过互相对应的立面设计，使原先独立的两个空间形成流动的一体化空间。

4.东西轴布置
连接栋和附属栋将第一体育馆和第二体育馆相连，是行政管理人员的主要流线。屋顶上有步道，和其他走道空间交织形成包围第一和第二体育馆的多样的视线。
根据东西轴上的连接栋和附属栋，形成两个体育馆夹着东西轴线的整体布置。

5.围绕
代代木竞技场不仅结构出色，从考虑城市环境的整体布置方案，到把人和空间的流动多样化聚集起来的设计，形成了如景观般的优秀建筑。

拉索网无法实现角度很大的屋顶形状，通过半刚性悬吊屋顶实现了。

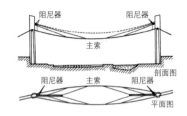

阻尼器　　　　　　阻尼器

主索

剖面图

阻尼器　主索　阻尼器

平面图

后拉索

后拉索　　　　主索

鞍座

126.000m

1.738m

10.473m

1.776m

I

II

III

1.968m

1.968m

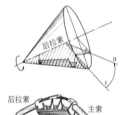

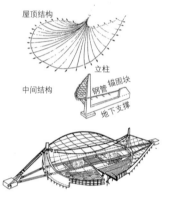

屋顶结构

立柱

中间结构

钢管　锚固块

地下支撑

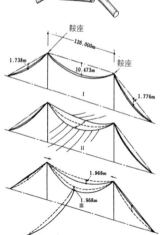

左图左列，从上至下：

•第二体育馆骨架的搭建方式和力流。一根支柱周围布置了钢管制成的立体的（螺旋状）受拉材料和立体骨架，悬吊材料呈放射状布置。与悬吊结构同样的结构原理保持了统一性，也达到了整体的协调。

•贯穿工字钢的缆绳。整个全长加入了约10吨的预应力。

•后拉缆（backstay cable）根据垂直方向上的悬吊材特意向内弯曲。主缆绳采用的万向接头（universal joint）。

左图右列，从上至下：

•主缆绳里设置的油液阻尼器（oil damper）。被称为世界上第一个拥有防震系统的空间结构。

•主塔顶上固定主缆绳的五金件。可以旋转、移动。

山口 **KIRARA** 博览纪念公园 多功能穹顶
Yamaguchi KIRARA Expo Memorial Park, Multipurpose Dome

日本 山口县山口市 /1999
建筑设计   日本设计
工程设计   日本设计 + 斋藤公男

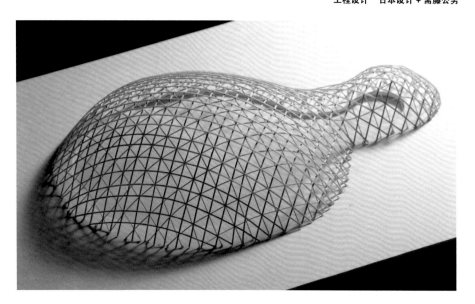

© 斋藤公男

　　阿知须干涸地紧邻着濑户内海上大小不一的岛屿，人工泻湖、绿地丘陵和体育广场共同组成了2001年云母博览会的场地。充分考虑自然景观，让市民平时也喜欢的穹顶建筑是怎样的呢？

　　设计的关键词是"自然"，即首先是与自然美景协调，第二是功能和形态自然地结合，第三是室内环境是自然节能的，第四是结构技术并非为了"实现造型"，而是系统、细部、施工方法的自然合理组合。当然也需要追求建造的耗能最小化。

　　最初的设计意向是通过优美连续的拱顶将体育馆和活动区大小两个空间覆盖。大屋檐成为联系起内外空间的界面，与楼板和吊顶一同使用了具有香气的当地桧木材，同时也成为拱顶结构必要的"箍"（外周环）。两者结合使拱顶的形态更加轻盈，如同飞鸟，又像小岛浮于波涛间。

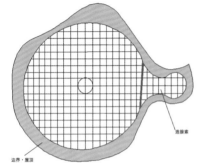

边界·屋顶

连接索

平面图

剖面图

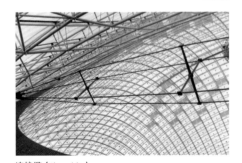

连接缆（tie cable）

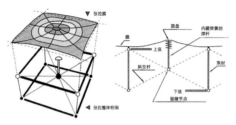

▽ 张拉膜

张拉整体桁架 ▽

膜

圆盘

内藏弹簧的撑杆

上弦

斜交杆

束柱

下弦

留缝节点

组合系统 "张拉整体（tense-grity）张力膜"

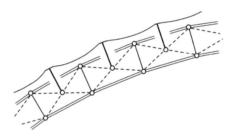

张拉整体桁架（tense-grity truss）和张力膜的组合

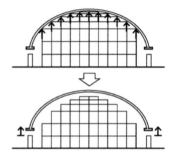

一瞬间的变化

支柱上，圆环下设置橡胶垫。

山口县Kirara体育场的"上下施工法"。在避震装置的圆环下放置起重机，整个穹顶一下子就被举起了。被解放的支撑的架子，短时间里就可以撤走。

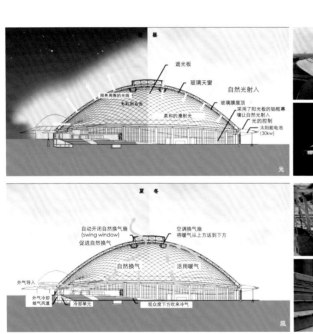

遮光板
玻璃天窗
自然光射入
照亮周围的光线
也利出去光
柔和的漫射光
玻璃膜屋顶
采用了阳光板的铝框幕墙让自然光射入
光的控制
太阳能电池
(30kw)
光

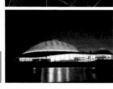

与边缘屋顶（boundry roof）一体化的太阳光板

穹顶的夜景

自动开闭自然换气扇
(swing window)
促进自然换气
空调换气扇
将暖气从上方送到下方
自然换气
活用暖气
外气导入
外气冷却给气风道
冷却单元
观众席下方吹来冷气
风

自动开闭自然换气扇
（swing window）

观众席下设有换气口

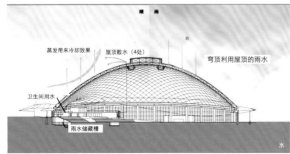

蒸发带来冷却效果
屋顶散水（4处）
穹顶利用屋顶的雨水
卫生间用水
雨水储藏槽
水

屋顶膜散水

放水炮

利用自然能源和节约能源：使用透光性膜作为屋顶材料,节约了照明用电。通过太阳能发电、自动开闭换气窗等以自然通风为主的空调系统,和屋顶降水的再利用等设计,活用自然能源和资源,减少了运营开支,同时也减少了环境污染。

慕尼黑奥林匹克体育场
Munchen Olympia Stadion

德国 慕尼黑 /1972
建筑设计　冈瑟·班尼希（Günther Behnisch）
工程设计　弗雷·奥托（Frei Otto），
费里兹·莱昂哈特（Fritz Leonhardt）

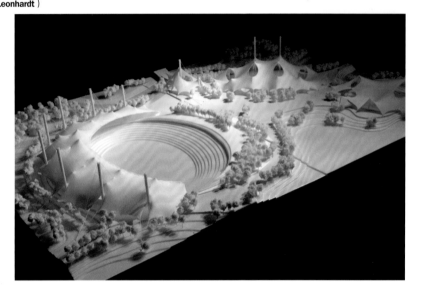

© 斋藤公男

　　在1967年，为了1972年的慕尼黑奥林匹克运动会，举行了体育场的建筑竞赛。竞赛的结果是班尼希和伊斯勒小组获得第一，贝尼施和奥尔的小组位列第三。班尼希的悬网结构形成的有机屋顶形态，明显受到了当年建成的蒙特利尔世博会联邦德国馆的影响。

　　当时悬网结构屋顶的解析和设计主要是由轻型结构研究所（IL）的弗雷·奥托小组的模型试验开发的。应力的变形、形状的决定需要精密的金属模型。由林奎茨的照片记录了几何形和缆索长。缆索是相当精密的，25米长的缆索，如果最初有5毫米的张力误差，就会产生30%的误差。当时计算机还没有普及，奥尔事务所的施莱希是计算的负责人，航空专业的阿吉里斯也参与进来。

　　1968年夏天到1969年夏天，过程紧张，尽可能快，但也不是盲目快速。

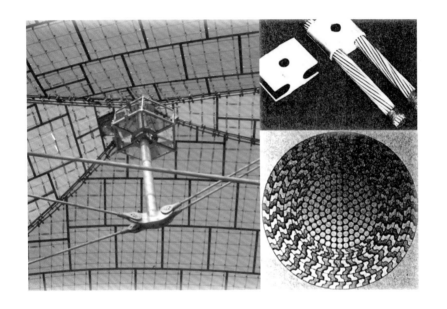

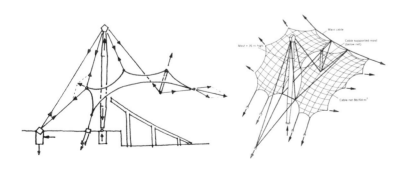

左图，顺时针：

•比较平整的拉索网的曲面上，给予一定曲率的压杆（strut）和支撑它的钢索群。网格间隔75厘米。屋顶材料为了电视放映而使用亚克力板，防止老化。

•组成拉索网的两根一组的钢索，它的连接五金件用一个螺栓固定。标准组合的前后。

•Φ80的密封钢丝绳（locked coil）断面。体育馆的圆环（张力4 500吨）由八根构成。

上图，从上至下：

•体育馆前的广场是市民休憩场所。

•雨水丰沛绿意盎然的奥林匹克公园。

戈特利布·戴姆勒体育场
Gottlieb Daimler Stadion

德国 斯图加特／1993
建筑设计／工程设计　约尔格·施莱希（Jörg Schlaich）
+ 鲁道夫·贝尔格曼（Rudolf Bergermann）

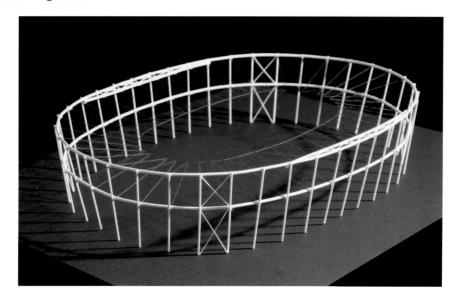

© Jörg Schlaich

　　轻型结构试图与风景相融合，让人如同在城市中愉快地交谈。斯图加特人口不足60万，四周环绕着绿丘，其间有很多J.施莱希设计的轻型结构作品，也有戴姆勒体育场这一让人惊叹的巨大优美的工程艺术作品。

　　该工程项目是对1933年建成、已经使用了60年的涅卡体育场的改建，挑战非常严峻。极短的设计施工周期（总时间为18个月）、低造价、狭小用地、松软地基无法打桩，这些都是老建筑加建时需要解决的问题。施莱希提出的方案是车轮型张拉结构。由于是轻型（约13kgf/m²）的自承重结构，因此不需要巨大的基础和杆件，而由双重外侧受压轮盘和内侧的张拉杆件一起形成轻型化的抗弯补强结构。主轴距离是280米和200米，屋面宽都为58米。缆索梁的支点高度根据预应压力变化，并与椭圆平面的曲率相吻合，外观形成了自然起伏的轻盈感。施莱希和市长对屋顶材料使用铁还是膜材料进行了激烈的争论，最终施莱希成功说服了市长。

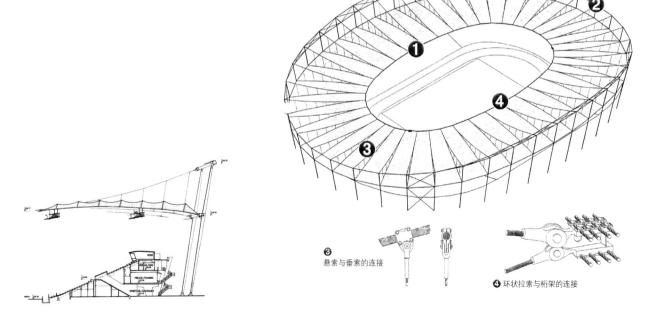

悬索体育馆屋顶

❶
环状拉索连接

··· 锥形插口和拉杆

↳ 镀锌插口和连接板

❷
悬索与钢结构的连接

❶

❷

❸

❹

❸
悬索与垂索的连接

❹ 环状拉索与桁架的连接

冈山调车场遗迹公园体育场
Okayama Lotus Stadium

日本 冈山县冈山市
建筑设计　松田平田设计
工程设计　日本大学空间结构设计研究室〔协助〕

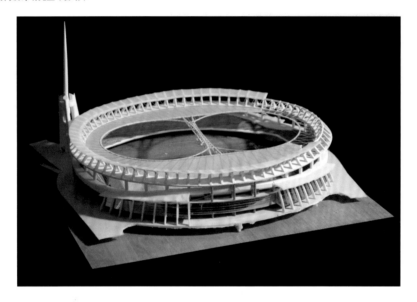

该作品是在300件公开征集的竞赛作品中遴选出来的，评审委员认为该作品是国立代代木竞技场之后划时代的作品，但实施方案完成后计划冻结了。

该体育场把当地著名的大贺博士的研究主题"莲花"作为形象概念，用轻盈的索膜结构屋顶（莲叶）来创造公园设施的景观性及体育设施的形象，并化解对周围环境的压迫感。

构成屋顶结构的放射状钢索由承受自重和积雪荷载的上弦材、抵抗风荷载的下弦材两者连接成悬挑索结构，以保持各种荷载的稳定性与变形。由屋顶外围布置的承重柱、杆件和后拉杆组成的看台结构支撑着索结构。屋顶面和看台之间有间隔，意图通过创造通风层来减轻风荷载。

模型同时展出了竞赛时的体育场压力轮盘（Compression-Ring）结构屋顶和实施方案时采用的新结构系统，相较之下可以感受到形式和技术的融合。

神奈川工科大学 KAIT 工房
Kanagawa Institute of Technology, KAIT Kobo

日本 神奈川县厚木市 /2008
建筑设计　石上纯也
工程设计　小西泰孝

　　该建筑的概念是由大量扁钢柱支撑着的纯粹屋顶。不需要由墙体或支撑来分割室内空间，而是由305根像平钢一样的柱子形成的柔和空间。

　　柱子总共有305根，42根是承受屋顶荷载的受压垂直支撑柱(截面厚55~62毫米，宽80~90毫米)，剩余的263根柱子则是从屋顶上吊下的水平抵抗柱，厚度是16~45毫米，宽是96~160毫米，并朝向各个方向，其主要作用是抗震。由于柱子事先施加了与积雪荷载和地震时所受力相当的预应力，当积雪和地震时承受过大的压力时，柱子能够防止晃动变形。

　　该建筑初看是由非常简单的相同构件构成的，但实际有着不同的结构作用。模型试图展现构件之间的微妙作用。

© 石上纯也建筑设计事务所

静冈 ECOPA 体育场

Shizuoka Stadium ECOPA

日本 静冈县 /2001
建筑设计　佐藤综合计画
工程设计　斋藤公男 + 结构计画（plusone）

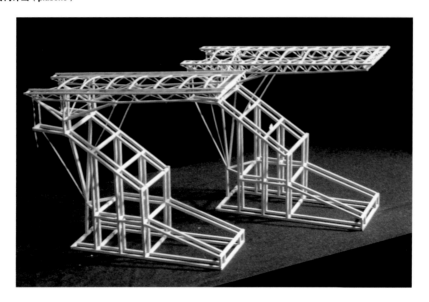

© 鹿岛建设

静冈ECOPA体育场是如同森林一般的风景。

巨大的起伏屋顶创造了与周围富饶的自然环境协调的"ECOPA"形象，这种有机的形态是对自然的结构化。计划的基本出发点就是避免生硬的结构，最后凭借朴素的轻型悬臂梁屋顶实现了轻盈又有力的体育空间。

首先是建造独立完整的悬臂梁结构，然后在各自的刚性平面桁架结构中附加上柔性立体要素（索、膜、拱）。这种"聚集的设计"就如同树木聚集而成的森林。为了使天秤式张力整体结构系统成立，需要设想六种不同作用的张拉材料的组合方法。

后拉杆使得悬臂梁的端部变形容易调整，同时用吊装法这种无施工台的施工方法加以实施。最长为50米的桁架结构的施工时间为两个小时，这是相当安全快速的施工方法。

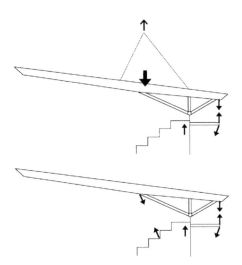

上图：静冈ECOPA体育馆的无作业台搭建方式和揽绳架设。根据自重向后缆（backstay）导入张力之后，在前缆(front cable)里导入预应力，保证了抗风和地震的整体刚度。

左图，从左至右：
- 钢材节点。
- 无作业台的铁骨架搭建方式。

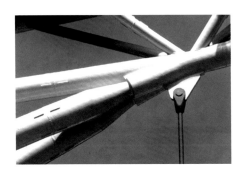

北京国家游泳中心
Beijing National Aquatic Center

中国 北京 /2008
建筑设计　PTW+ 中建国际设计公司，CCDI/
工程设计　奥雅纳公司（Ove Arup）

　　该建筑的特征是结构性的框架。表面上看似随机复杂的构成是几何学排列和反复而成的，这种几何排列在古代数学问题的理论基础上产生，由此创造了耐震强度世界领先的独特结构。框架的内外覆有太阳能ETFE膜，能最大限度地用于照明、空调设施，同时还能提高音效。整个立方体的膜能随着不同的活动改变颜色。白天太阳下是银色的外观，颜色向边界变暗成蓝色。内部照明的变化也能使立方体的颜色变化。

　　制作模型的目标是阐明框架的几何排列的构成原理，所以只制作了部分的框架，而不是整体的模型。

© Marcel Lam Photography

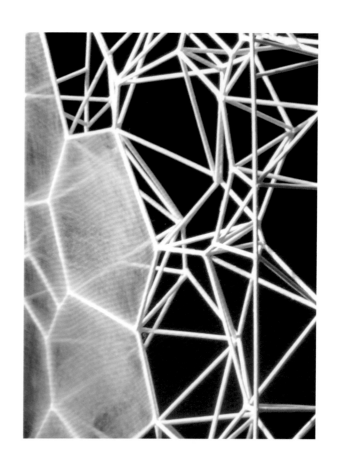

泡和泡重合的图像

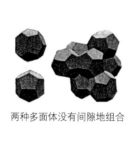

两种多面体没有间隙地组合

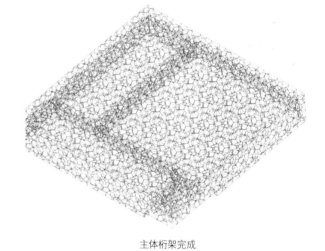

主体桁架完成

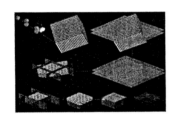

把多面体的集合体切断，中间掏空

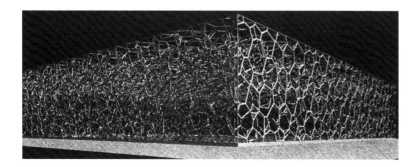

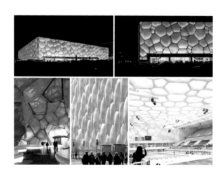

北京奥林匹克体育场 鸟巢
Beijing National Stadium

中国 北京 /2008
建筑设计　赫佐格和德梅隆（Herzog & de Meuron
Architekten）+ 中国建筑设计研究院
工程设计　奥雅纳公司（Ove Arup）

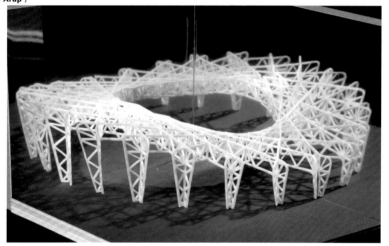

© Clive Lewis/ Arup Sport

　　北京国家体育场作为第29届奥运会的开幕式、闭幕式和田径运动的场地，并非要一举获得世界的瞩目，而是采用了基本的城市规划和建筑空间作为概念，并且最终几乎完全实现了。

　　基本的构想主要有四点：第一点是在奥运会闭幕后继续作为市民活动的场所；第二点是作为公共建筑的立面形态、结构、装饰的一体化；第三点是缓和的底座、体育场的木纹理和联系城市环境；第四点是混凝土的体育场主体和钢结构屋顶完全分离独立。统一覆盖的膜吊顶试图创造出匀质的观众席和良好的通风。

　　标志性的外观是由中国传统的冰裂纹得出的，但昵称"鸟巢"则更为有名。最初的开闭式屋顶由于预算的问题取消，结果也可以说是幸运的。跨度最大为330米的门式框架（24组）是简单但不经济的结构形式。外部的钢桁架作为次级结构，为了配合交错的门式框架全部采用1.2米的断面。这一空前技术结构的完成展现了中国的国家意志和建造能力，同时也展示了IT时代极大的潜力。

岩手县营体育馆

日本 岩手县盛冈市 /1967
建筑设计　小林美夫 + 若色峰郎
工程设计　小野新 + 斋藤公男

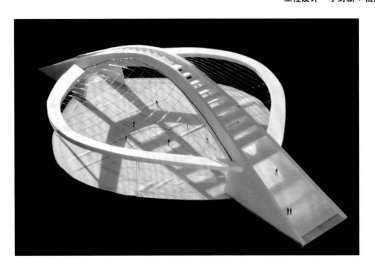

　　体育馆设计完成于1965年。与此前一年建成的代代木奥林匹克竞技场使用半刚性吊钢骨追求有机形态不同，岩手县营体育馆是以拉索网（cablenet）和平面的拱形边界形成的流动而尖锐的空间形态。覆盖70米的圆形平面的大空间，其结构体系有三部分：1）用拉锁网和预制板组成的悬吊屋顶结构；2）中央和周边的两个边界拱结构；3）拉接拱群的水平桁架的拉杆，支撑环拱和基座的垂直荷载的悬臂结构。这些结构系统是形态和力学两者紧密结合，追求秩序的特殊结果。主拱由两根隐藏的钢桁架组合而成，因此既可以采光，也可

以抵抗积雪和地震荷载。环状拱的上方是屋顶曲面，下方是平面拱，因此其端部形状是一个较大的变载面。

　　每个拱中间的中空断面随时可以通风换气，也可以用作暖房设备的管道，这种多重功能也十分引人注目。

　　体育馆拥有2 000多个座位，是作为日本国家体育馆建设的。建成之后一直在进行对抗震补强和天花板脱落等问题的对策研究。该建筑是在电脑解析出现之前，徒手设计的空间和结构，但直到现在也依然是县民们的骄傲。

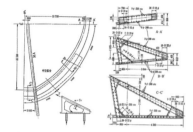

边界拱（link arc）的截面图

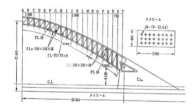

主拱（main arc）的截面图

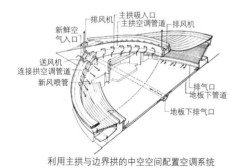

利用主拱与边界拱的中空空间配置空调系统

拉索网上配置预制板

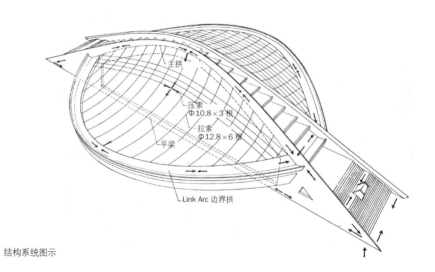

结构系统图示

114

卡尔加里的运动场（1984）

岩手县营体育场（1967）

白龙之穹顶（1992）

耶鲁大学冰球场（1959）

慕尼黑的花式溜冰场（1985）

拉索网结构

使用拉索的结构称为拉索结构。而对拉索进行横竖两个方向配置，称作拉索网结构，拥有吊索和押索两种功能。

预应力是拉索结构中非常重要的概念。拉索与绳子一样，无法抵抗压力（这叫作拉索的不抗压性），当发生地震和风这样的突发荷载时，由于拉索的不抗压性，结构失去了平衡，最严重时建筑也会倒塌。为此，在施工时预张拉与荷载压力同等的力，就算拉索不压缩，也不会引起结构的破坏。比如，给拉索预张拉五吨的力的话，即使给它四吨的压力，拉索上还有一吨的张力，因此不会压缩。

拉索网结构也是如此。在拉索网结构中，由于预应力的平衡，结构的形不会发生变化（上面的模型的重锤上下移动时可以实际感受到）。结构设计和研究者们反复研究，导入多少预应力才能抵抗地震和风力这些突发的荷载，从而形成美丽的形式。

积层的家
Layer House

日本 兵库县神户市中央区 /2003
建筑设计　大谷弘明
工程设计　陶器浩一

　　住宅的用地面宽为2间，进深为5间，只有10坪。如此小的用地中如何创造出丰富的空间呢？最终选择了重量和尺寸适合手工操作的预制混凝土砌筑而成。长条状的预制混凝土像校仓造一样互相交错，形成了一半是空隙的墙壁。这个极为单纯的规则控制了整个建筑。板条互相交错堆叠是很单纯的结构，但这种单纯反而是困难的。

　　板条厚5厘米，宽18厘米，长度最长3.6米。这个尺寸决定了楼梯的尺寸和内部的模数。

　　1 800条板材堆成了200层，看似杂乱且摇摇欲坠，但结构上是需要这样的错位的。像校仓造一样不使用垂直部件，交错堆砌时是直接堆砌，并没有使用水泥砂浆。堆叠的顺序与空隙的处理无法用常规的方式。堆叠后，在刚好重叠的地方插入垂直的钢筋（直径23毫米）来固定，由此使得杂乱的部件形成一个整体。

　　互相堆积的材料看似杂乱但却成为结构体，这就是预制混凝土结构的"预制结构"的价值所在。

© 大谷弘明

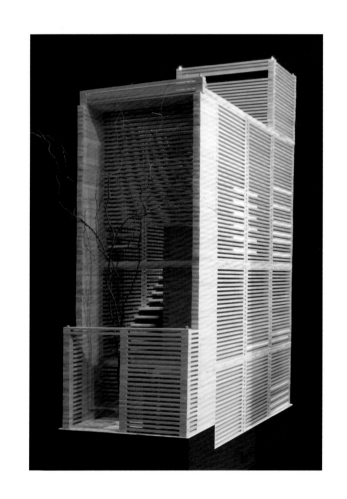

模型制作时的景象

挑战狭窄空间的生活

桌子和椅子

预制混凝土板
中藏着抽屉

毛巾架

可以自由地抽出

也可以增加和移动

床（儿童用）

上图：预制混凝土的原理。预制混凝土法是什么？在工厂把钢筋混凝土材料放在钢框架(metal form)中反复制造后，现场组装的施工方法。

•优点：1.工厂生产的制品精度高；2.大量生产同样的材料，节省了开支；3.开工的同时，主体上部的制造已经开始，因此工期得以缩短；4.只需要现场组合，没有材料的浪费。

•平板的间隙：平板互相压叠，连接处用预制钢构件贯通，平板间产生空隙，创造了没有压迫感的空间。

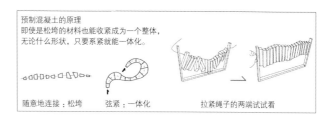

预制混凝土的原理
即使是松垮的材料也能收紧成为一个整体，无论什么形状，只要系紧就能一体化。

随意地连接：松垮　　弦紧：一体化　　拉紧绳子的两端试看

2002 年蛇形画廊
Serpentine Gallery Pavilion 2002

英国 伦敦／2002
建筑设计　伊东丰雄
工程设计　塞西尔·巴尔蒙德（Arup）

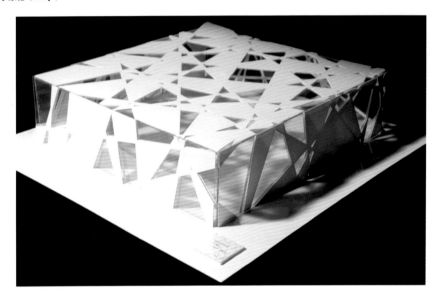

© Arup

伦敦肯辛顿花园中央的蛇形画廊成立于1970，每年有超过40万的参观者。在前院的草地上，每年夏天会建造一座存在三个月的临时展亭，设计和施工用时各三个月，占地面积为300平方米。这是相当困难的"建筑"设计。伊东最初抛给塞西尔两个问题：

A）如何在坡地上漂浮起来？

B）箱体如何产生变化呢？

当年冬季开放的布鲁日馆也采用了正方形平面（约17×17米），高度为4.5米，以此为借鉴寻求新的箱体设计。由A的提案开始，转化衍生出B的方法。最后采用的方案是由550毫米的扁钢形成的格子梁桁架结构。钢板的厚度根据应力分布的不同而变化，在工厂预制好部件后在现场组装。看似极其复杂随机的外形其实是由正方形的扩大、旋转这一单纯的算法生成的，在提供了舒适的建筑空间的同时，消解了柱子、梁、窗户和门，成为既是建筑又非建筑的物体。

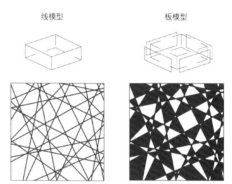

线模型　　　　　板模型

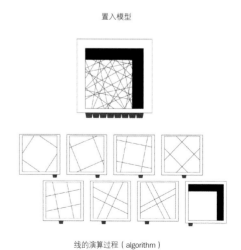

置入模型

线的演算过程（algorithm）

古根海姆美术馆
Museo Guggenheim Bilbao

西班牙 毕尔巴鄂 /1998
建筑设计　弗兰克·盖里〔Frank Owen Gehry〕
工程设计　SOM

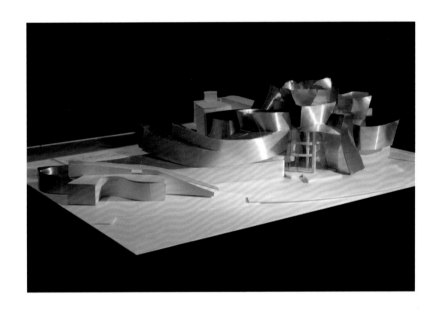

© Clive Lewis/ Arup Sport

　　盖里设计的西班牙毕尔巴鄂古根海姆美术馆现代艺术分馆于1988年建成开放，此设计是曲面组成的有机形态，被视为解构主义的代表作。建筑的主体结构是钢结构和钢筋混凝土结构，曲面表皮为石材和弯曲加工后的钛合金板。为了加工外墙的各种不同曲率的钛合金板，使用了设计和施工一体的CAD系统等，在当时是集最尖端技术于一身的建筑。

　　模型展现了外墙复杂的形态，并区分了石材和钛合金板两种表皮材料，同时制作了部分的合金曲面墙体细部。

加州大学伯克利美术馆与太平洋电影档案馆

University of California, Berkeley Art Museum
and Pacific Film Archive

美国 加利福尼亚 /2006
建筑设计　伊东丰雄

在旧金山经过海湾大桥，车行30分钟后就是加州大学伯克利分校。宽广的大学东边是连绵的山脉，西边是向大海蔓延的城市街区，而这两个不同的区域相遇之处就是设计用地。

该项目混杂了画廊、剧院、图书馆、办公等功能，既有要求完全封闭的功能，也有需要大型开口的功能。建筑师依靠单纯的规则控制形成良好的共存状态。

方形房间是根据各个功能的大小和形状关系精密地并置在一起，在角部弯曲与对角线的房间联系起来。在此规则下单独处理各个角部，创造出丰富的关系，房间融化其中。但这不是完全融合成一个大空间，彼此的关系只是都是方形房间，让人在不知不觉中步入建筑。漫步于咖啡吧、画廊和大学的绿地间，多样的风景连在一起。最终的白色立方体只要稍加变形就形成与周围的关系，让人期待着欣赏艺术时那种摇曳自由的感觉。

© 伊东丰雄建筑设计事务所

台中大都会剧院
Taichung Metropolitan Opera House

中国 台湾 / 2005
建筑设计　伊东丰雄
工程设计　奥雅纳公司〔Ove Arup〕

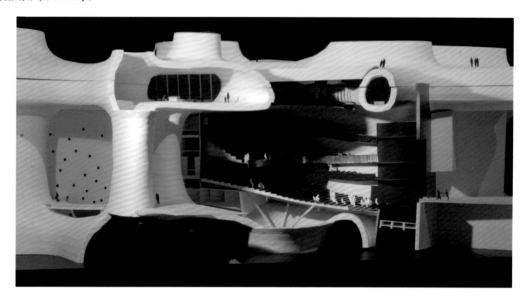

© 伊东丰雄建筑设计事务所

伊东丰雄的台中大都会剧院方案2005年被选为实施方案，目前已经施工将近收尾。

该建筑位于台中市的核心再开发地区，是国际化的与景观结合的综合公共艺术设施，有三个剧场空间（2 009座的大剧院、800座的剧场、200座的实验剧场）和艺术广场（包括购物中心、餐厅、咖啡厅）。

为了满足这些功能，该方案提出了生成网格（emerging grid）的整体空间系统。平面三维连续曲面化的拓扑网格系统能够对应复杂的功能，这一系统形成了包含三个大厅的洞穴般的连续内部空间，创造了观众和艺术家之间刺激的关系。

结构上组成整个曲面的是58个悬垂面（catenoid）单元，每个悬垂面之间的交界处是200毫米的"预应力墙"，这不是常见的施工方法。事先也做过1:1的节点模型试验。

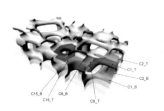

曲面由 58 个悬垂面构成

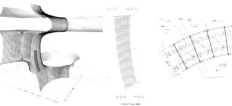

网墙施工法（truss wall）

人力可动空间 虹拱

Temporary Construction Space to make with Human Power "The Scissor hold of the Rainbow"

2002
建筑设计 / 工程设计　斋藤公男

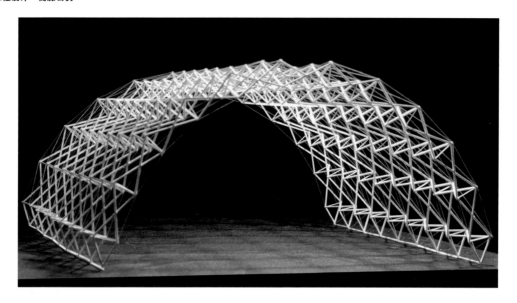

© 斋藤公男

　　交叉拱的索（纵向的上下弦材）插入交叉张拉杆的意图在于展开后使其结构化。引入了纵向杆件，防止交叉材的弯曲应力的发生，并能对上下弦的张力材导入一定的预应力。这是控制内力的最有效的结构，并能抵抗弯曲应力。更重要的是所有上下弦的拉力都消失了，却能保持整体的稳定性。

　　建造使用铝材的原因是易于解体回收，能适用于各种小规模的临时空间。

124

折叠起来的张弦剪

一瞬间展开

两个单元展开形成的箭头结构

在地上把膜安装上

像吹气球一样送入空气，开始将结构撑起来

约 3 个小时便能顺利建成，意大利大使也一同摄影留念

CG 制作的张弦剪刀拱　　　富士宫市的 B 最优胜奖　　　NHK 电视台中心 (2007 防灾日)

山口 21 世纪博览会（2001）的三个月期间，为人们提供了凉爽的庇护所——"波浪之剪"

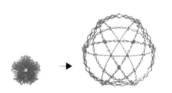

查克·霍伯曼（Chuck Hoberman）的塑料玩具。复杂的计算机分析和巧妙的节点细部而成折叠的穹顶

剪刀，我们日常生活中最熟悉的道具。原理简单，历史悠久

酒架也是以同样的原理组合而成

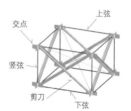

张弦剪刀的基本结构

上弦
交点
竖弦
剪刀
下弦

高雄世界运动会主体育场
2009 World Games Main Stadium

中国 台湾 / 2005
建筑设计 伊东丰雄
工程设计 竹中工务店

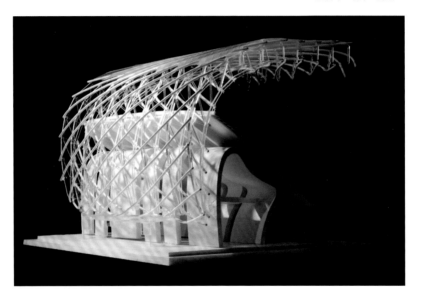

高雄体育场位于高雄北部，是2009年世界运动会的主会场。该体育场有四万个座位，开放的体育馆、城市公园、螺旋连续体是三个主要的概念，意图向城市开放，与周围的环境连续，创造出属于21世纪的体育设施。东南侧的开口像大门一样迎接着由新的捷运站而来的人群，创造出体育馆从未有过的开放性。

屋顶的主结构是边界连续的螺旋状环箍，环箍之间是放射状交错的长约30米的悬臂网架结构。

环箍结构是设计概念表现的重点要素，结构上保证了屋顶内侧面刚性，并把地震和风荷载时的水平力传到下部。

钢结构屋顶下的是支撑着坐席的马鞍状钢筋混凝土结构连续曲面墙，上部约隔5.5米布置了预应力混凝土，作为支撑钢结构的梁结构。

© 伊东丰雄建筑设计事务所

蒙特利尔世博会·美国馆
EXPO' 67 United States Pavilion

美国 蒙特利尔 /1967
建筑设计 / 工程设计　巴克敏斯特·富勒
（**Buckminster Fuller**）

© 神谷宏治

　　测地线（Geodesic Line）是任意平面或曲面上两点间的最短距离。由球面上两点连接的大圆形成的网格球拱是富勒大量研究中最重要的成就，其契机是正二十面体的戴马克松地图（Dymaxion map）。自1949 年之后，在世界上已经出现了数十万个网格球拱。

　　富勒在1970年提出了宏伟的曼哈顿计划。在直径为3.2千米的拱顶的庇护下，自然能源与都市环境融合在一起。这个梦想经过圣路易斯的生物科学气象馆的实验后，六年后在蒙特利尔世博会（1967）的美国馆小规模实现了。这个革新性的包含小城市空间的球拱的直径为76.2米，是当初计划的两倍。预算不足使得节点采用了焊接。控制热环境的自动卷帘能打开"六角形花瓣"。就如"为妻子修建的泰姬陵"，富勒所爱的"富勒烯"（Bucky egg）在1976年的改建施工中烧毁了，现在只剩下深受市民喜爱的生物科学馆生命馆。

《宇宙船地球号的操作手册》
富勒 著

芹泽高志 译

我们正在搭乘宇宙船地球号。我们首先需要认识到的是，现在那些可以使用的必要的材料，以及不可或缺的资源——即使我们自己没有注意到它们——虽然目前为止还是很富足的，满足人类的生存是足够的，但是如果我们不断地浪费掠夺，不经意间我们就会面临资源用光的窘境。当下人类的生存与发展包裹在缓冲剂之中，就像还在蛋壳中的小鸟哺育在贮存的营养液之中一般。

蒙特利尔世博会（1967）美国馆

世界游戏——全世界规模的双向通讯网格

上图：气象塔（1960，圣路易斯）作为热带植物园的气象控制装置房（生物化学馆）。直径53米，可以说是英国伊甸园工程（Eden Project）的前身。

上图，从上至下：
•维奇多屋（Wichita house, 1946）。
•联合罐车（Union Tank Car, 1958）。
•曼哈顿计划（1970）。

太阳能塔计划
Solar Chimney

澳大利亚 / 2005
建筑设计 / 工程设计　约尔格·施莱希〔Jörg Schlaich〕

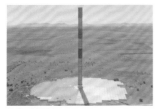

© Jörg Schlaich

　　利用新型的太阳能是施莱希一生致力的研究之一。他在很久前就关注于未开发地区的贫困、人口以及经济的无序增长给世界和平与环境带来的威胁，他相信太阳能是打破这种状况的一种手段。

　　1972年，施莱希开始试验金属薄膜太阳能光电板一号，不久就开始开发巨大的太阳能塔项目。1981年，他在西班牙Manzanares 的荒野中完成了最初的试验。高度为195米，采集器（从透明塑料膜改成了玻璃板）的直径是250米。2002年11月的

《时代》杂志把这个宏伟的设想选为当年的最佳发明，2005年杂志又报道了该项目的实现。在无边的沙漠中建设高1 000米的高塔和2万英亩的采光板（辐射绿地和住宅范围为直径七千米），创造了20万户居民的电力供给。"一座太阳能塔能像自然系统一样自我产生能源"，从遥远炎热的沙漠国家未开发的丰富资源开始，向世界输送无尽的自然能源的时代开始了。

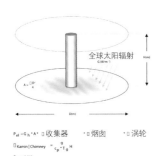

全球太阳辐射
G (W/m²)

$A = \dfrac{\pi D^2}{4}$

$P_{el} = G_h \cdot A \cdot$ 收集器 $\cdot$ 烟囱 $\cdot$ 涡轮

$\eta \text{ Kamin | Chimney } = \dfrac{g}{c_p \cdot T_0} H$

$P_{el} \sim A \cdot H$

年均能源产量
(GWh/a)

烟囱高度
(m)

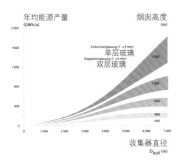

Einfachverglasung (1 s 4 mm)
单层玻璃

Doppelverglasung (2 s 4 mm)
双层玻璃

1 500

1 000

800

600

445

收集器直径
D_{koll} (m)

上图：以艾尔斯岩（Ayers Rock）为背景，澳大利亚沙漠中正在计划中的太阳能塔计划。

131

丰岛美术馆
Teshima Art Museum

日本 香川县 / 2010
建筑设计　西泽立卫
工程设计　佐佐木睦朗

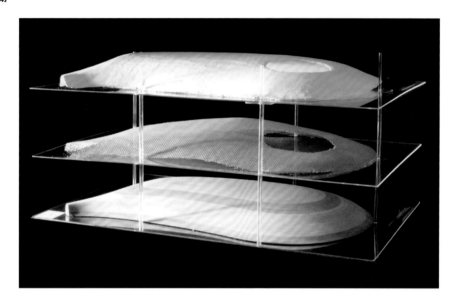

　　丰岛美术馆建在濑户内海边上的小山丘上，周围是混杂着大棚的美丽自然环境。美术馆既要求和丰岛的环境协调，又要考虑和艺术作品共存的建筑空间的存在方式。建筑就像水滴的形状，由自由曲线构成。水滴般自由曲线的造型在与周围起伏的地形协调的同时，也创造出了一个强烈的建筑空间。混凝土薄壳最大跨度达到60米，以此来创造出内部巨大的有机的一室空间。此外，高度比一般壳建筑要低，与其说是建筑，不如说是为了贴近山丘和斜坡的地景。室内因为空间很矮而获得了水平方向上延伸的广阔感觉。壳体上开了几个大洞，光线和雨水等美丽的自然能够进入建筑。由于艺术作品和环境的缘故，建筑是封闭的，但同时也是开放的，设计创造出了这种动态的状态。壳的高度很低，所以建造时用基地上挖出的土堆成小山包，以此作为模板浇筑混凝土。依靠这种泥土模板法，使得自由曲线的壳体具有柔软的感觉。

上图：关于施工

这个建筑用250毫米的混凝土壳体结构构成了40×60米的一室空间。为了在建筑内外形成不规则形状，未采用通常的模板施工方法，而是用土堆成山之后在上面浇筑混凝土，等变硬后把土挖出来。这种土堆支模法，虽然看起来像器物铸造一样是古代用的方法，但现在依靠计算机技术、测量技术、施工技术等才得以实现，因此其实是一种全新的方法。固定现场的土形成建筑的形状，表面用泥浆固定成型，测量了3 500处的标高并进行微调，才把模板的精度控制在误差±5毫米。此外，由于混凝土使用的是白水泥，从两个大洞中照射进来的光能把整个空间充分照亮。

梅斯蓬皮杜中心
Centre Pompidou-Metz

法国 梅斯 / 2010
建筑设计　坂茂 +Jean de Gastines Architectes+Philip Gumuchdjian（第一阶段）
工程设计　奥雅纳（Ove Arup，第一阶段），Terrell（第二阶段），Hermann Blumer（木屋顶结构）

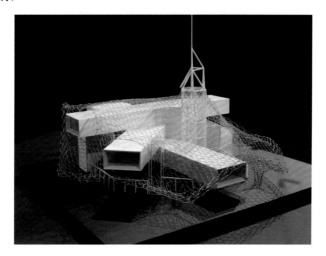

　　梅斯蓬皮杜中心的设计，为了创造出功能性空间，把功能用简洁的体量表达出来。流线清晰明确，以功能使用方便为目标进行了立体的设计。首先将普通的画廊置入方形的管子里，三个管子叠加在藏着电梯和楼梯的六边形铁塔的周围。其他包括，包含多功能厅的圆形体量和包含报告厅、办公和其他辅助功能的简单的长方形体量。为了把这些体量合为一体，用平面投影是六边形的木结构屋顶将其覆盖。屋顶的结构是从中国传统的竹编帽子得到的灵感，由六边形和正三角形的图形组成。构成曲面的合成木材，其上下弦由宽幅木材形成空腹桁架（vierendeel truss）。木屋顶上是PTFE膜，白天自然光得以进入室内，夜晚馆里的灯光照得建筑仿佛漂浮起来一般。大屋顶下的集合场所是周围公园的延伸，建筑物的立面由玻璃幕墙和百叶（glass shutter）组成，使室内外得以连续。大屋顶下有可以免费进入的集合所大空间，在那里市民可以边喝茶边欣赏雕塑和装置艺术等。从墙间可以望到展厅里面，市民被其中的作品吸引，逐渐伴随着空间的序列而走向建筑深处。

L(e)ichtraum

瑞士 苏黎世 / 2007
建筑设计　细谷浩美+马库斯·谢佛（Markus Schaefer）
工程设计　金田充弘

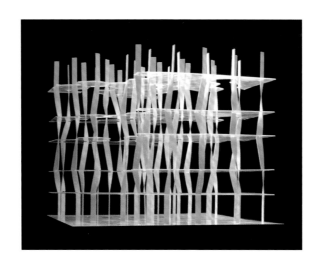

L(e)ichtraum是瑞士国铁的铁道用地高密度再开发方案，目标是转化活用此地块以便利城市居民。在现存的规划基础上，针对商业空间和灵活的开放空间，以及与三种不同居住方式对应的单元，把各个功能布置在不同的层上，水平层相互叠加。每层都有不同的空间上的要求，因而选择使用了灵活的六边形的模数。各个六边形由名为"丝带圆柱(ribbon column)"的柱子支撑。丝带圆柱的一端通常和六角形的节点固定，另一端则在节点周围移动，结果是柱子扭转着改变方向，就像丝带一样。

不同方向的扭转，有助于整体的稳定。以这个算法为基础，六边形的网格系统能根据不同的功能和空间的要求灵活地改变，产生不同尺度的空间。此外，六边形的单元如果拿掉一个的话，通高空间就能成为采光的中庭或空中花园。基本的规则和逻辑形成的结构，加上当地条件的制约，形成了各种适宜的空间，而且是有扩张的可能性的有机体。

这个作品曾在2010年第12届威尼斯双年展的奥地利馆中展出。

Hoki 美术馆

日本 千叶县千叶市 /2010
建筑设计 / 工程设计　日建设计

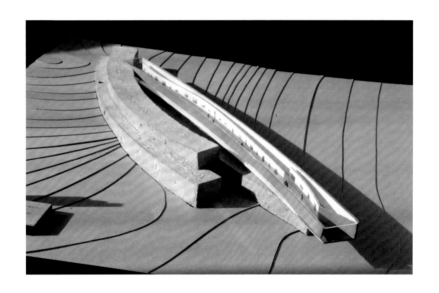

以保木将夫先生搜集的日本现代写实细密画为主要藏品的美术馆（画廊）建筑。为了提供最适于鉴赏写实绘画的建筑环境，尝试了各种各样的技术。最值得一提的是支撑30米悬挑的钢板墙体，其中主体结构、内外表面的涂装、空调管道、照明设备这些构成建筑的各个要素，都被融合在钢板墙体这一材料之中。绘画是用磁铁固定在钢板墙体上的。通过焊接一体化的钢板墙体，挂画的轨道和十字接缝等都被隐藏了起来。LED的展示照明，可以根据每个作品的需要提供理想的光环境，因此镶嵌在天花板上并非只是形式的主张。像这样，鉴赏者在没有任何杂物、没有任何缝隙的画廊中与写实细密画相对峙。在功能多样化的现代，不再是在不同的部位添加功能，而是将各种功能融合成"复合功能"构成的建筑。使用钢板墙体的空间构成，可以说是与BIM和各种模拟软件技术普及使用的时代相对应的建筑表现。不论IT技术如何进步，建筑还是如同手工艺品一般，"一品生产"这种匠人的品质无论如何也不能忘记。

Aore 长冈

日本 新泻县长冈市 /2012
建筑设计　隈研吾
工程设计　江尻宪泰

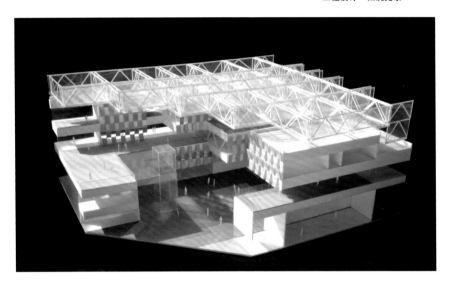

长冈市以雪深闻名，其市政厅建筑群的设计目标不是打造一个欧洲的"固定的广场"，而是以日本传统民家的土间——这种柔和而温暖的中间区域"中土间"为参考。当然不是简单地模拟形态，而是以街道的尺度来容纳市民，充满自然光，减少环境的负荷。在灾害发生时这里也能成为让人安心的场所，可以说是"现代的土间"的设计。

最深积雪量达2.5米的豪雪地，屋顶却贴上了玻璃。通过循环利用中水和雪融水将积雪融化的融雪装置，发电电池以线状配置的太阳光板，承担抗震功能的双层桁架钢框架，以及采用了当地杉木的各种各样的设计。木板重叠落下的影子，产生了树影般的效果。本来被积雪遮蔽的自然光，在技术和材料的干涉下，如粒子化一般洒向地面。柔和而温暖的光线投影在地板上，就像温暖的和式榻榻米一般。

新技术和本土智慧相互交织，形成了向街道开放的、温柔地接纳市民的"中土间"空间。

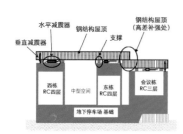

水平减震器　钢结构屋顶　钢结构屋顶（高差补强处）

垂直减震器　支撑

西栋
RC四层　中型空间　东栋
RC四层　会议栋
RC三层

地下停车场 基础

结构概念图

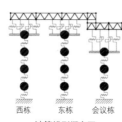

西栋　东栋　会议栋

计算模型概念图

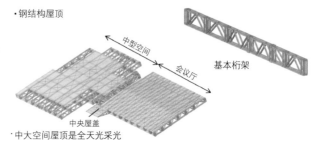

·钢结构屋顶

中型空间　会议厅　基本桁架

中央屋盖

·中大空间屋顶是全天光采光
·会议厅屋顶是折板屋顶，一部分屋顶绿化

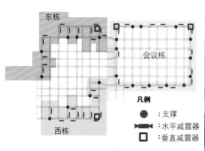

东栋

会议栋

西栋

凡例
● ：支撑
▷◁ ：水平减震器
□ ：垂直减震器

支承·减震器平面配置图

垂直减震器

水平减震器

支撑

上下弦是工字钢

无缝钢管的桁架

钢结构翼部悬挑框架概念图

·混凝土结构系统
·带有抗震墙体的框架结构
·悬挑部分是钢结构

结构系统

屋顶面积约9 000平方米，最大长度100米以上，钢结构的屋顶和建筑的交接节点，在抵抗自重和巨大的积雪荷载的同时，需要不限制温度变形的结构。通过抗震支撑（球面光滑支撑）和速度依存型的油阻尼器的组合，加上支撑拥有的回复力和阻尼器拥有的减衰力，使建筑的上部得以承载着钢结构屋顶。由于钢结构屋顶的体量的TMD效果以及连接抗震效果，使其成为能够抵抗大地震力的抗震结构建筑。

太阳能发电·换气系统

53 块太阳能板以 0 ~ 60° 发电最适角度开闭。定格输出 10kw 的电力，与通风相组合，调整空间环境。

太阳能发电板

自然换气

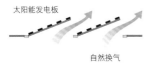

 中水循环型融雪系统

积存的雨水，厕所用水和大屋顶清扫用水用来融雪。雪融化后得到的雪融水又可以重复使用，从而节约水源。

向上向下的喷嘴融雪装置

中水循环型融雪系统

太阳能发电·换气系统

屋顶绿化

屋顶绿化，提高防治热岛效应的环境意识。

屋顶绿化

天然气节能系统

灵活使用当地生产的天然气，实现自产自用。用天然气产生电和热，供给建筑使用。

屋顶绿化

天然气节能系统

减少 CO_2 的信息发布

中庭的电子屏幕，发布 CO_2 削减的详细信息

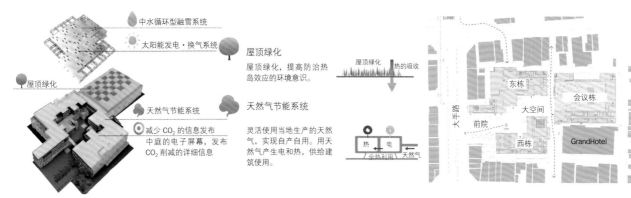

设备系统

玻璃窗帘下即使是冬天也很明亮，广场设置了融雪装置，采光天窗集合了太阳能发电和通风换气系统，根据感应器可以自动变换为最适开放角度。太阳能发电—换气系统，中水循环型融雪系统，天然气能源系统，屋顶绿化，以这四项技术为主，减轻环境负荷。

金泽海之未来图书馆

日本 石川县金泽市 /2011
建筑设计　堀场宏 + 工藤和美
工程设计　新谷真人

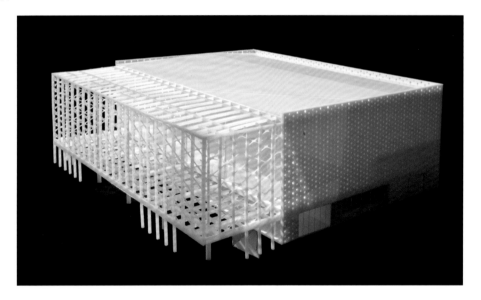

图书馆位于金泽市四番目，具有地域交流中心、集会所、小组活动室等地域交流功能。对于公共图书馆来说，最重要的是在被书所包围的心情下读书的阅览室空间。无疑，这是用便利的电子书所无法体会到的书的存在感和魅力。开架图书和阅览室不分彼此混合在一起，同时作为书集中的场所和人使用的空间的图书馆设计。这种如同空气般的体量感，正是图书馆应有的阅览室空间的体现。图书馆里充满了柔和的光线，如同外部的开放感，如同森林的安逸感，是让人能够冷静下来的一间大房间。建筑是内部三层楼板被一个巨大的盒子覆盖的空间，设计者称之为"蛋糕盒子"。被称作"punching wall冲击板"的巨大的外墙表面，布满了6 000个小开口，引入柔和的自然光的同时，在地震时也能抵抗地震的水平力。

"蛋糕盒子"的图书馆的结构设计

一层框架结构的内部

细柱-十字梁建造情况

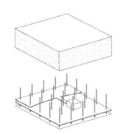

结构是多个空间大小不同的白色箱子，箱子上有圆形，箱子中有丰富的开架阅览室，多个设计概念同时成立组成蛋糕盒子的骨架。

1. 网格

这个图书馆的空间构成，是在简洁的方格网的基础上，书架以1.7米的间距配置，以六倍间距（10.24米）为一边。网格的交点上，配置着内部的柱子和大梁，将内侧10.2米五等分的2.04米方眼，配置小梁和外围的柱子，形成明快的几何学的格子线。外墙的GRC板和室内的铜板的分割也是基于同样的原则。

2.结构

地上部分是钢框架结构和外壳框架结构的混合系统。方格网上的框架结构外覆着蛋糕盒子的外壳撑杆（brace）结构，匣套的结构形成了大大小小的空间。空间构成的要素与明快的网格设计相呼应。单纯的结构构成，由简洁的要素的堆积构成。地上部分一层半的楼板的铅垂荷载和水平力，基本由内部正方形网格上两个方向的框架结构承担。底层部分大梁围合的内侧楼板由格子小梁（合成板）支撑。（左中图）大屋顶覆盖的二层以上的开架阅览室，内部竖立的25根无缝钢管的细柱，支撑铅垂荷载，外壳斜撑承担几乎全部的地震时的水平力。

3.大屋顶

覆盖开架阅览室的大屋顶的结构，为了确保天花板

的高度，梁高400毫米，呈网格状配置。双线的直交格子梁将一根梁上的弯矩应力分散，从而压低梁高。其交叉的部位设置的十字梁，与细柱的柱头相接，支撑双线的格子梁。

4.细柱的交接处

细柱的柱头与十字梁的交接，是各个方向不加约束的铰接细部。轴从十字梁的交接处的下方突出，与柱头的上方相接，柱轴从中落下插入结合。

细柱的柱脚处是刚性连接。柱脚的固定保证了施工时柱子的稳定性，同时，外部没有结构时也能保持稳定。大地震时，外壳的结构起伏的时候，内部的细柱也能自立，支撑起大屋顶，防止大空间的层的破坏。

5.外壳斜撑

外壳的结构面是平坦的网格状，倾斜的网格斜撑相间地配置。均匀分散的圆窗和斜撑在立面上并存。建筑外围并列的GRC板的支撑柱竖向排列，从二层的楼板直通地下室，平钢的撑杆编织其中。外壳的撑杆结构面的竖向柱，就这样从底层埋入基础梁，看上去好像是没有撑杆的钢架结构。内部的纯框架结构，与外围的钢架结构的水平刚性相加，使上层的外壳的撑杆水平刚度很高，从而缓和了刚性率的差异。

Punching Wall 的设计与工程的融合

1. 外墙
玻璃纤维增强
水泥抹灰饰面
的珠光体板

2. 外围结构

3. 内墙钢板

4. 木刀加工
的铝框

5. 聚碳
酸酯板

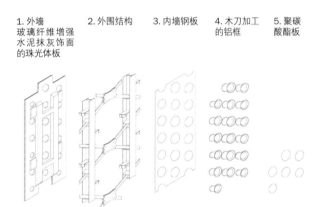

大型空气体量的冷热环境

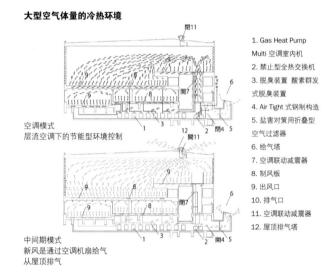

空调模式
层流空调下的节能型环境控制

中间期模式
新风是通过空调机扇给气
从屋顶排气

1. Gas Heat Pump
Multi 空调室内机

2. 禁止型全热交换机

3. 脱臭装置 酸素群发
式脱臭装置

4. Air Tight 式钢制构造

5. 盐害对策用折叠型
空气过滤器

6. 给风塔

7. 空调联动减震器

8. 制风板

9. 出风口

10. 排气口

11. 空调联动减震器

12. 屋顶排气塔

Punching Wall的构成

　　为了营造适合书的场所，要考虑这个空间的高度、长度、宽度、明亮度，还有声音和冷暖，以及积雪寒冷地区的结露问题。也就是说大量的空气和自然光、温度、湿度、声音的状态是设计的主要对象。设计追求的是能够让人自然感受到大量的气聚集的，结构和空间同时成立的架构。通过一定的开口率控制采光率，反复检验外表的负荷和视觉的效果。名为Punching Wall的墙壁不但要能够抵御（外界的）热量和声音，也要能够轻松地引入自然光，因此墙壁的厚度必须做到最小。

　　控制框架钢材、内外装修材、龙骨材的精度难度非常高。凭借高超的技术和工厂的各色手工艺，现场的组装工程得以顺利地完成。

　　边长45米，高12米的空间要怎样才能减轻对环境的负荷，实在是很难的一件事。缩短使用空调设备的时间应该可以做到。

　　空气流动正如图所示，设计了从地下的机械室开始到一层和二层的空间贯通的管道，气流流过每一层的楼板。阅览室高度直达二层和三层，为尽量缩小上下层的温度差，空调系统像剧场那样单独设立。

　　回风通过三楼玻璃屏幕后隐藏的地板下2.9×6.4 米的管道流入地下机械室。排气空调通过送风的空调机的风扇推动从屋顶的排气塔排气。新风通过地下机械室的送风设备减盐过滤。回风由管道内的四台大型动力油缸驱动。屋顶的排气塔有八台动机一起运作，空调期关闭，中间期开启。

　　空调系统采用全面从地板送风的大规模地板空调系统。地板下的卫生状态的检查是困难点，因此引入了除菌脱臭装置，效果显著。

东京工业大学附属图书馆

日本 东京都目黑区 /2012
建筑设计　安田幸一 + 佐藤综合计画
工程设计　竹内徹 + 佐藤综合计画

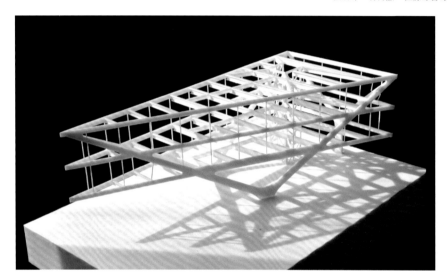

建在地下的大学图书馆。位于建筑正面向北延伸的散步步道，一直连到绿色的人工山丘，其地下容纳了约9 000平方米的书库、阅览室以及事务办理功能。地下阅览室直白地表现了预制混凝土的结构躯体，通过巨大的中庭空间、机械室、天窗，建筑的采光效果十分优异，人们甚至很难感受身处地下空间，实现了安静而又舒畅的读书氛围。

位于地上的学习栋是以钢筋V字形柱支撑为特色的三角形建筑。貌似不稳定的一组V字柱和背后隐藏的Y字柱，支撑起三角形平面的每一条边。每一层的重心都与支撑点的重心保持一致，模型放在桌子上也不会倒。在重心附近设置了电梯井的核心筒，直通地下二层，即使在地震的水平力作用下也能保持稳定，结构的抗震性能十分优秀。

建筑位于大冈山车站前的东工大正门入口，旁边是作为学校象征的百年纪念馆。入口位于从学习栋下方下沉的位置。在大学的网站上预约的话，可以前往馆内参观。在学校里图书馆的昵称是"芝士蛋糕"。

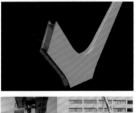

左图，从上至下：

• 三角形的姿态成为大学的新象征。右侧是篠原一男的百年纪念馆。

• 学习栋三角形顶部的节点。两根钢板并非简单地交接。

• V字柱的截面图。两个铁板组合的形状。

• 地下图书馆的预制天井。工场预先制作部材之后搬运到现场安装。特殊形状也能正确制成，只用在现场安装部材，从而缩短施工时间。

图书馆休息廊的天花板。混凝土这样的流动物在倾斜的情况下进行浇筑十分困难，浇筑一点固定，浇筑一点固定，这样重复。通过模型的制作，推敲材料分几次浇筑。

地下二层连通阅览室的楼梯。通过大型的通高空间和自然采光，让人感受不到身处地下。

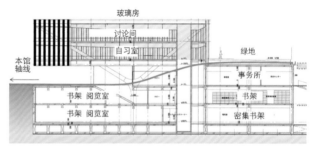

玻璃房

讨论间

自习室

本馆轴线

绿地

事务所

书架 阅览室

书架

书架 阅览室

密集书架

建筑的剖面图。作为图书馆的功能全部置于地下。从图书馆开始，动线凸起形成小山丘。V字柱固定在地下二层。

可以按压模型，感受结构的稳定性

学习栋的中心是各边中点对角线的交点

V字柱的重心是柱脚连接三角形的重心

人工的半球形建筑
从 A-Dome 到 A-Sphere
Dome Space Built by Human Power

2010
建筑设计／工程设计　斋藤公男 + 空间构造设计研究室 (LSS)

这个半球形建筑被称作"A-Dome"，是从建筑设计和技术的融合，或者说建筑设计和结构设计的结合和发展，即建筑结构创新工学视点出发设计的临时建筑。方案进行了许多小尺度的模型研究，主要问题有两个：

一是活用半球形（球体）形态和空间上的特点，形成"防灾半球"建筑，灾害发生时为避难所，平时作为临时空间能容纳各式各样的活动，通过使用帆布（canvas）或膜（film）等轻量材料，凭借人力

迅速安全地实现重新利用和重新建造。二是抵抗外部环境的生物球体（bio sphere）的建造。虽然是临时空间，但是需要满足居住功能，既要遮风挡雨，又要解决热、光、通风等问题，所以要寻求表皮上新的可能，打开建筑中触及的领域。

"A-Sphere"作为"生物球体"有着深刻的教育意义，让人得以直接感受环境问题，并带来热烈讨论。"现在如果你是富勒的话"，面对50年前富勒提出的"宇宙船地球号"，我们该如何行动呢？

D

空间结构的诸相
Varieties in Spatial Structures

无柱的空间是何等的美，追求着创造合理性，
标志着人类的技术进步，展现着建筑的历史。

从抗弯的梁和框架
变成抵抗内力的拱、薄壳、悬吊屋顶和膜结构，
以及张拉材料和刚性材料混合结构。
任何时代，
材料的性能和结构系统都有着紧密的联系。
构件的三维构成和形态是能抵抗内力的结构方式，
被称作空间结构。
立体的构成和形态特征，
一方面与建筑空间的表现相结合，
一方面寻求着与细部交接、制造、施工的结合。

轻型化能够解决何种现实问题，
能够实现何种事物，
便是建筑结构创新工学展的深意。

新加坡室内体育馆 潘达式穹顶
Singapore Indoor Stadium Pantadome

新加坡 /1989
建筑设计　丹下健三
工程设计　川口卫

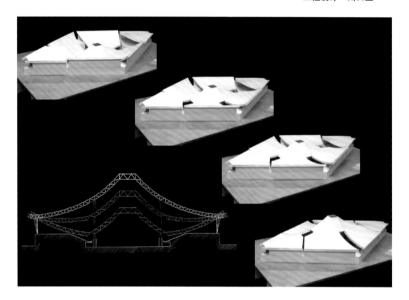

"能够架起拱吗？"对于结构工程师来说这是自古以来的梦想，B.富勒开创了其工程先河，他尝试了各种方法，全都在试验一次后结束。

如果拱能够被折叠，那按照相反的顺序抬起拱就变得可能。但是拱是没法简单地折叠的，除非环箍材料（边缘部位）暂时部分脱离。这就是潘达式穹顶（pantadome）技术的出发点。

受控制的运动="自由度1"的不安定结构

潘达式穹顶构法的重要特征是抬起中运动的自由度保持在1。这不是简单的不稳定结构，是受控制的运动，也需要考虑抵抗水平力，如拱在抬起时必须要考虑地震、风等因素的影响。

潘达式穹顶构法从1984年的世界纪念大厅开始，到2007年的圣交迪宫殿为止，成功运用在约八项大空间结构作品上。

前桥绿色穹顶
Green Dome Maebashi

日本 群马县前桥市 /1990
建筑设计　松田平田坂本设计事务所 + 清水建设
工程设计　清水建设（技术指导 斋藤公男）

© 斋藤公男

方案构思于1986年。这是前桥纪念建市100周年活动计划的一部分，基本的设想是能从最初的比赛中心转变为活动中心。

该计划委托给了日本建筑学会。评选委员会（委员主席是内田祥哉）设想的张拉弦结构的椭圆形扁平拱，是之后的竞赛征集案共同的结构系统特点。

椭圆形平面为168×122米，吊顶高20米。建筑的圆形外部保证最小的体积，同时轻型的结构

系统展现出其理性的美，打破了通常的拱结构带来的封闭性和网架的重量感，创造出新的结构可能性。

在施工的最大作业场上导入索缆拉力。（2×34根）杆件的端部用千斤顶，同时支起在中央施工台上部的拱顶。拉索连接的椭圆形拱顶有3 000吨重，弯曲的拱顶如同漂浮着，使现场充满不安和紧张感。钢结构的结构体是瞬间的变化形成的。

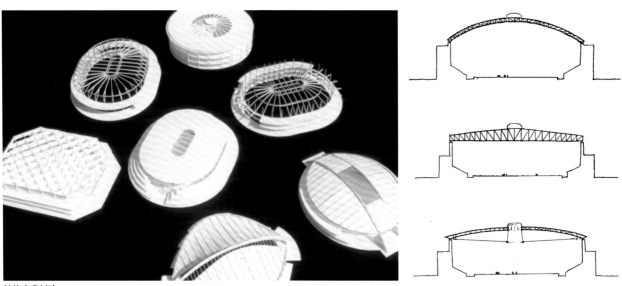

结构方案讨论

出云穹顶
Izumo Dome

日本 岛根出云市 /1992
建筑设计　鹿岛建设
工程设计　鹿岛建设株式会社 + 斋藤公男

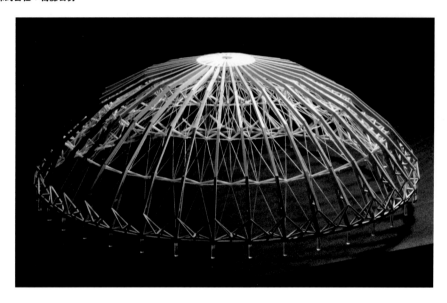

© 斋藤公男

　　出云是古代出云大社的所在地，该地建造了巨大的神社本殿。这是出云拱的设计出发点。出云拱的首要特点是使用集成材料构成新的空间。

　　木材拱最普通的做法是把钢替换成木材用三角桁架构建建而成。但如果能像环形伞那样伸缩自如呢？想像中应该是既能传达出木材的柔和感，同时又能抵抗风和雪、地震这些非对称外力的木结构放射状桁架。反复讨论后，产生了世界首例混合结构木结构——拱和张拉材（杆与索）组合的立体张拉拱。

　　最初拱全部是在地面上组合的，然后在中央立柱支撑完成拱。盂兰盆节时，在市民们屏气凝神的注视下，拱顶像伞一样打开立起来了。

　　这之后，经历了前所未有的强台风。建造途中拱顶并非最大强度，在60米每秒的风速中过了一晚。现场的工棚被吹走，周边的混凝土电线杆被连根拔起。第二天早上，映入眼帘的是在台风后的蓝天下，屹立着的出云拱。

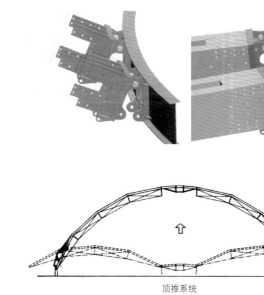

顶推系统

顶图：拱的上端和中央连接的节点。上推施工前后节点的性能变化，与穹顶要求的几何形体、刚性的变化相适应。

上图：上推施工法概念图。落脚处移动10米，穹顶就能站立。

左图：上推施工法完成时的穹顶内景，这个状态能承受猛烈的台风。

科隆联邦园艺博览会 舞池
Dance Tent

德国 科隆 /1957
建筑设计 / 工程设计 弗雷·奥托（Frei Otto）

© 斋藤公男

　　20世纪中期，科隆联邦博览会时建造的舞池，是极具革新性的建筑。其形态和结构的理论关系，造型表现和功能实用性的整合特征，使其成为弗雷·奥托的代表作之一，现在成为了参观地。

　　33米的波浪状的膜屋顶覆盖在直径60米的悬浮混凝土圆盘上，中间是直径24米的舞池。中央的圆形拉杆（直径6米）的平衡杆件的低处固定住圆盘，六个圆环杆件的端头最高处反复用向外的拉索固定住曲面膜，形成边界。膜结构利用对称性，其分割方式通过1/12的石膏模型决定。

　　高度约10米的纤细杆件是由35×5毫米的三根钢管组成的，顶部是精心设计的用以固定五根钢索的节点细部，它能够吸收风力，并维持各个顶点垂直的形态。

　　弗雷·奥托对于轻型有机的张拉结构的挑战最终成功了。为了检验结构体和施工方法的妥当性，1968年建造了试验建筑，之后奥托主持创立了轻型结构研究所（IL），现在该机构还存在着。

IL 内景（1972）

作为联邦德国馆的实验建筑建造的轻型结构研究所

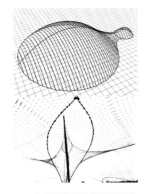

1967 年蒙特利尔世博会联邦德国馆

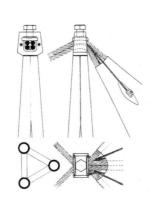

桅杆顶部的细部

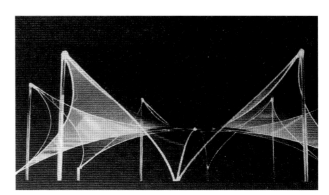

由皂膜制作的舞会场的最小曲面实验

BDS 柏之社・展示场

Exhibition Tent

日本 千叶县柏市 /2007
建筑设计　K 建筑工作室（Atelier.K）
工程设计　斋藤公男 + 空间结构设计研究室
（协助 结构计划 balance・one）

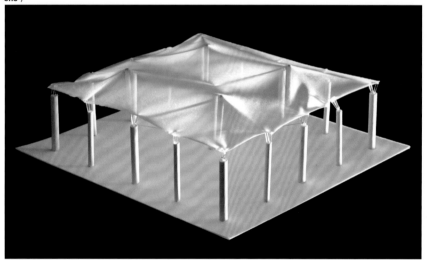

© K 建筑工作室

约 23 000 平方米的膜结构展示场，由于形似"绿色森林中舞动的白云"而被命名为"漂浮的云"。最初的要求是创造让人惊讶的空间，在开始阶段设想了大量的膜结构屋顶漂浮。项目最大的挑战是严格的造价和工期。但如果能用膜结构实现的话，这将会开拓出大量新的对膜结构的需要。团队立刻制作了大量的模型，最终幸运地引起了客户的兴趣。设计之后，召集四家大型企业，提出了技术（制造、施工）的合作关系设想。就像将施工区分包给不同人，彼此相互竞争建造的古代罗马竞技场那样，各个公司的技术共享，发挥出了极高的技术水平，结果大获成功。

膜是有着巨大潜力的材料。它能同时作为结构材料、屋顶材料、防水材料、分割材料，有广阔的应用，在工期、运输的费用上有优势。对于建筑的改造更新也有应用。膜创造出来的形态和空间之美是钢、混凝土、玻璃等材料所没有的。客户和社会对此都有兴趣，设计者和制造者更有好奇心去挑战发挥技术的潜力，这样新的"膜的世界"就能更为广阔。

石川综合体育中心
Ishikawa Sports Center

日本 石川县金泽市 /2008
建筑设计　池原义郎
工程设计　新谷真人

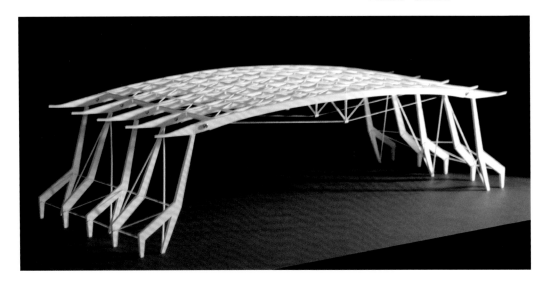

　　石川综合体育中心位于多雪的石川县金泽市海边，为了与环境协调而采用了张弦梁结构的屋顶，创造出轻盈之感。将张弦梁组成的结构直接表现出来的大空间，让内部的空间氛围与众不同。

　　这种结构体有两个特点：A. 有可滑动接合部的张弦梁；B. 称作"长颈鹿·蛇"形的特殊的张弦梁支撑结构。A试图实现船型张弦梁，其金字塔形短柱是用于固定缆索的交接部，交接部的可滑动性能解决屋顶积雪荷载使局部拉索受力变大的问题；B则是为了满足设计上的要求的结构体。

　　为了能够体验到"直接表现结构的大空间"，制作了1/100的大比例结构模型用于重点展示。同时制作了说明前述两个特点的展示模型，即A是有着可滑动的接合短柱和索缆部件的张弦梁，B是设计的要求产生的"长颈鹿·蛇"形支撑结构。

© 新谷真人

法拉第馆
Faraday Hall

日本 千叶县船桥市 /1978
建筑设计　小林美夫
工程设计　斋藤公男

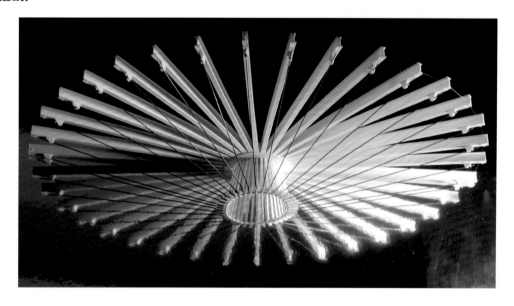

© 斋藤公男

在习志野的广场上，法拉第馆把两个大食堂整合一体，结合了食堂和接待功能。计划使用最单纯的中心对称构成系统。单边约20米的正方形平面大厅的圆锥状屋顶上，覆盖着车轮状的张拉弦梁结构。

上弦材的钢梁和下弦材的钢索组成的32组放射状架构兼做天窗和吊灯，与中央车轮结构一同形成张拉弦梁。车轮结构是由连接梁的上部压缩环、连接钢索的下部张力环以及连接梁的竖杆构成的。

竖杆与下弦材连接，铸钢部件的拉力环保证了结构复杂的方向性和形状，形成了互相拉结的拉力环的形态。结构要素全部作为内部空间的表现，是适合表现理工学部的"系统的视觉化"。在19世纪中期出现的加强梁的结构形式，现在再次显现其意义。以小型张弦梁为契机，实现混合结构的概念，由此普及开来。

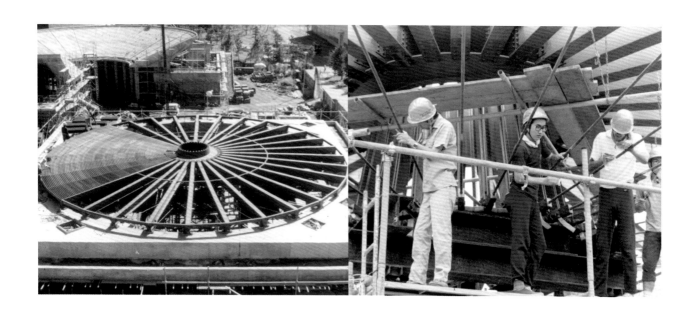

日本大学理工学部·理工体育馆
Sports Hall of Nihon Univ.

日本 千叶县船桥市 /1985
建筑设计　若色峰郎
工程设计　斋藤公男

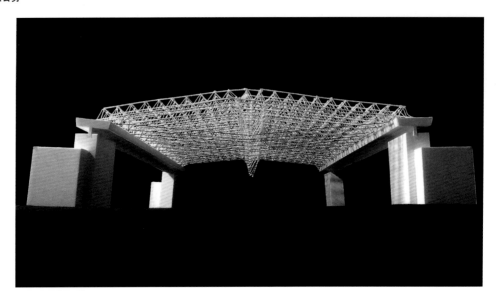

© 斋藤公男

　　为了满足体育授课和三千人的庆典活动的功能要求，采用平行布置的张弦梁形成的倾斜屋顶结构，创造出兼作体育馆和礼堂的大空间。约60米跨度的张弦梁的上弦材是2米高的立体桁架梁，内部可作为天桥。出于设施维修保养考虑，以倾斜屋面解决防水问题。下弦材的拉索和分成四部分的梁材，一同成为内部空间的重要设计要素，在山墙侧面显现出紧张的结构表现。

　　屋顶结构的施工利用了自定式张弦梁的特点，在屋顶侧墙顶部架设施工台，使用最小限度的脚手架施工，没有脚手架的大空间则用滑动施工法完成。大屋顶（约1 000吨）在三天内以每次5米的进度滑动着，现场的人力物力随之转换调动，集约化的施工提高了质量管理和安全性，并缩短了约3/4的工期，实现了大空间的经济化施工。

　　旋转式天窗保证了天窗和坐席玻璃面的遮光和吸音性，能够使体育馆迅速转变为礼堂。

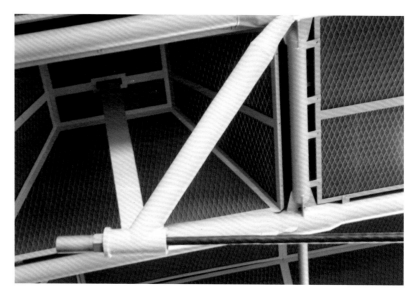

左图，从上至下：

•3天内每次5米地滑动而成。

•1000吨力的推动屋顶的小型千斤顶。

•利用再张拉，向拉索中导入65吨力的预应力。

上图：拉索端部的细部。张拉与压缩的部材的选择是很好的力学教材。

酒田市国体纪念体育馆
Sakata Municipal Gymnasium

日本 山形县酒田市 /1991
建筑设计　谷口吉生，高宫真介
工程设计　斋藤公男 + 结构计画 plusone

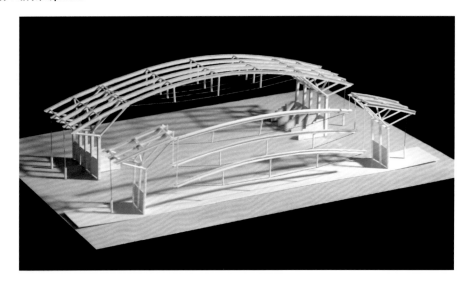

© 斋藤公男

　　最上川沿岸的饭森山麓，在白鸟嬉戏的人工池前屹立着优雅的土门拳纪念馆，站在水池一端，与纪念馆相对而立的两座体育馆一同映入眼帘。

　　体育馆给人一种被漂浮的金属板紧密包裹着的印象。远看是普通的圆筒状屋顶的侧影，走近正面入口时样子则完全相反，比如极低的曲面形状，开放地露在空中的拱端，锐利的大挑檐等。这颠覆了通常的拱式屋顶的"形与力"的常识，让人有突然的疑惑。绕着四周的"拉紧的窗帘"则诉说着结构的秘密。

　　对于近乎水平的工字钢，54米是相当大的跨度，260kgf/m² 是相当重的长期荷载。长期的雪荷载与自重相当，换言之是不可见的自重。如何能够让人感受不到负担的结构系统和结构表现？通过方案研究，选择了横向张弦梁和横向悬臂式桁架的组合结构。换个角度看，将弯矩图结构化的"葛尔培梁"（Gerber beam）的变形也被考虑进去了。为了满足简洁的细部并能导入预应力，使用了"下拉索施工法"，并利用自定式的特点实施了"吊装施工法"。

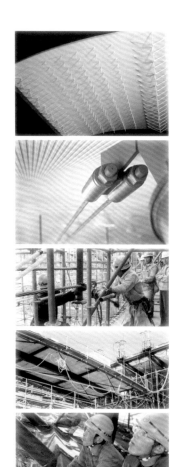

•基本设计中的研究模型。杆件的间隔与数量不论是结构上还是视觉上都值得玩味。

•下弦拉索的末端细部。两个部件的间距只有2厘米,在施工时是巨大的挑战。

•原理就像将箭搭在弦上,只需在下方引入些微的力,向拉索导入满足规定的拉力,

（施工时）就可以不用千斤顶。

•最终总荷载加上以后,按顺序吊起来。吊起来的瞬间,完成所需的应力和变形。

•在地上确认张弦梁的完成形状,两个构件相接的瞬间,作业员十分紧张。

船桥日大前站
Subway Station of Nihon Univ.

日本 千叶县船桥市 /1995
建筑设计　伊泽岬，真锅胜利
工程设计　斋藤公男

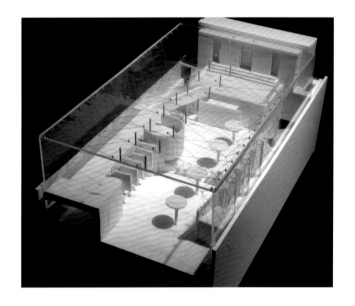

© 斋藤公男

日大前站带有速度感的锐利外观又流露出蚱蜢般的幽默。由于车站含有地铁站、展示等多功能空间，设计采用了张力骨架（skelsion）结构，创造出跨度约20米的无柱车站空间。

Skelsion是skelton（骨架）和tension（张力）组合而成的新词，用拉索整合加强刚性较低的结构，形成对于垂直和水平外力有效的立体架构，这被称为"翻花绳构法"。将承受竖向荷载的张弦梁和抵抗水平力的支架立体地组合，互相施加预应

力，形成自定式的平衡结构。通常只能抵抗张拉力的支架，通过导入强张力成为抗压部件，抵抗水平力方面抑制了结构整体的变形，抵抗竖向荷载对柱脚产生的水平反力。

每个空中链接点的六根张拉材（棒）的预应力的导入，因在支架中间预设的两个紧贴的面节点，而变得极易实行，因此张拉棒就不需要螺丝了。

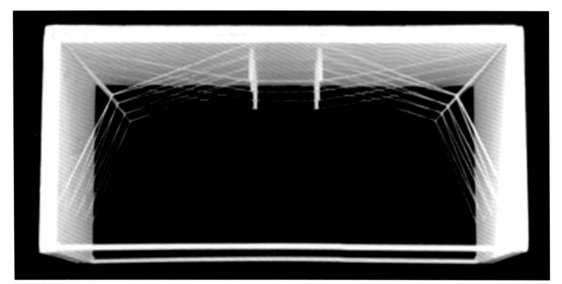

骨架的结构系统模型

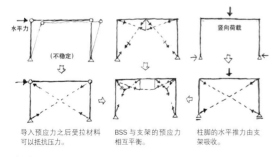

水平力

(不稳定)

竖向荷载

导入预应力之后受拉材料
可以抵抗压力。

BSS 与支架的预应力
相互平衡。

柱脚的水平推力由支
架吸收。

骨架的机械原理

六个受拉杆件组合的面节点

下关市地方批发市场唐户市场
Karato Wholesale Market

日本 山口县下关市／2001
建筑设计　池原义郎
工程设计　斋藤公男 + KKS

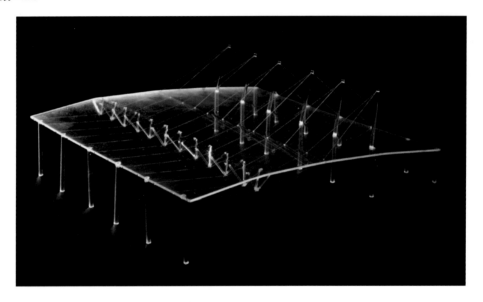

© 池原义郎·建筑设计事务所

唐户市场是深受当地居民喜爱的历史悠久的批发市场，位于关门桥东侧朝向关门海峡，明媚的阳光、多变的海面、往来的船只与市场一同形成了优美的景观。

唐户市场楼是有着大型挑空空间的三层建筑。采用了具有耐候性的预制预应力混凝土构件。为了空间的功能性（无柱）和轻盈感，屋顶结构是钢索和预应力斜拉式张弦梁悬吊结构。

钢索和预应力斜拉式张弦梁的结构是对"力流"和"通常隐藏的材料"的视觉化，使部件的表现变得可能。混凝土内加入预制张拉钢索，探索以此作为张弦梁使用的可能。

拉结着立体屋顶板的钢索给予内部空间以紧张感，上面伸出的悬吊结构的支撑柱和水平展开的屋顶面互相对抗着，与海边的风景紧密地联系在一起。

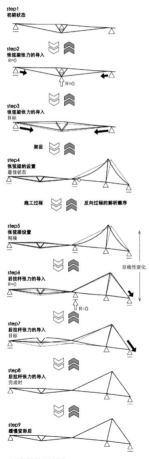

step1
初期状态

step2
张弦梁张力的导入
R=0

step3
张弦梁张力的导入
目标

架设

step4
张弦梁的设置
最佳状态

施工过程　反向过程的解析顺序

step5
张弦梁设置
刚接

非线性变化

step6
后拉杆张力的导入
R=0

step7
后拉杆张力的导入
目标

step8
后拉杆张力的导入
完成时

step9
螺旋变形后

各阶段施工状态

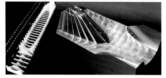

上图，从上至下：
•纸模型：对钢制模板的研究以纸模型
讨论。
•肋模型：配线讨论用；预制钢制模板研
究模型；补充强度方法的讨论。
•粘土研究模型：预制塑形的初期讨论。

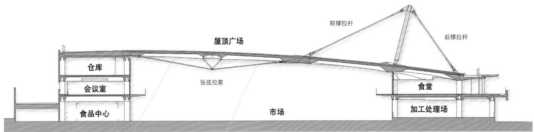

剖面图

后撑拉杆

前撑拉杆

屋顶广场

仓库

会议室

张弦拉索

食品中心

市场

食堂

加工处理场

上图，从左至右：
•基地面对着关门海峡。
•国道旁的夜景（面对都市的一侧）。
左图：张弦部分预制板的吊顶视图。

天城穹顶
Amagi Dome

日本 静冈县伊豆市 /1991
建筑设计　桥本文隆
工程设计　斋藤公男 + 结构设计集团 + 结构空间设计室

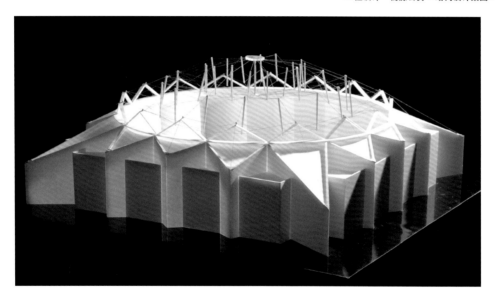

　　天城穹顶是用张拉材（钢索和钢棒）和受压材（杆件）分离了应力形成的穹顶结构。这种张拉穹顶取代了东京巨蛋所用的空气膜结构，探讨了新的大空间结构系统的可能，是目前日本唯一的纯索穹顶。

　　致力于空间结构的斋藤公男把穹顶起名为"张力支撑穹顶"（TSD，Tension Strut Dome），中央的晶状体上的车轮状张拉弦与外周的环形张拉桁架形成了两种结构系统。张拉穹顶施工时最困难的是要向张拉材中导入预应力。TSD采用了逆工程解析，用油压千斤顶收紧最外围的16根上弦钢索，由此导入TSD整体结构所设计的张力。

　　活用TSD令人惊讶的轻的优点，膜材料组成屋顶得以在地面安全地施工，并用吊升法把屋顶安装在最终的9米高度。

© 斋藤公男

Aqua 平台
Aqua-Stage

日本 东京都中央区 /2008
建筑设计　山下设计
工程设计　山下设计事务所 + 斋藤公男

© 山下设计事务所

Aqua平台位于胜时六丁目地区市街地再开发项目（THE TOKYO TOWERS），约2 800户的高200米左右的双塔高层的低层部分。

设计的概念是：(1)玻璃屋顶作为约一万居民居住的街道的"表情"，在特别立面的高层的下部形成彩色的空间；(2)玻璃屋顶的两个主要材料是玻璃和钢，给人流动、跃动、透明之感。

形态上是外径35米、内径17米的圆环状屋顶。结构上内环是偏心圆，柱距因步行流线做出变化，并且有的地方取消了拉索（Bracing String）。在设计上由于屋顶面的倾斜，主要的结构部材的强度和安装角度全部不同。特别是所有构件的拉索都不同，如何让以张力为主的施工介入是必须要讨论的。

"日"字形剖面（工字钢四周焊上钢板）的主梁与地基上柱子圆锥形的柱头，柱脚连接起来。整体就像天平原理一样，保持了平衡的形态。

大梁的交接处

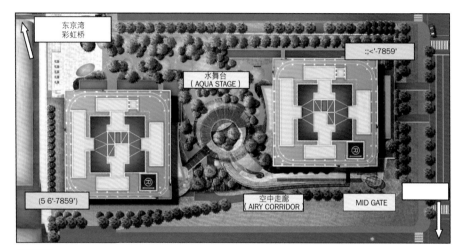

总平面图

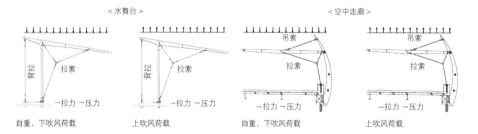

< 水舞台 >

自重、下吹风荷载　　　　　　　上吹风荷载

< 空中走廊 >

自重、下吹风荷载　　　　　　　上吹风荷载

拉内诊所的玻璃屋顶
The Glass Roof of the Lane Clinic

德国 诺伊施塔特 /2008
建筑设计　拉姆（Lamn）
工程设计　维尔纳（Werner Sobek）

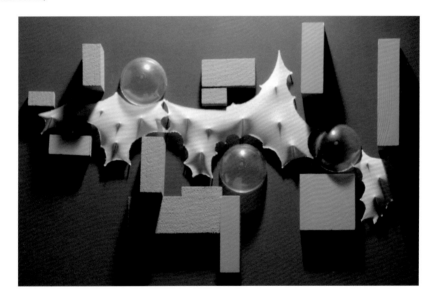

© 斋藤公男

　　从法兰克福向东，沿高速公路行驶两个小时即可到达德国中部的古城维尔茨堡。建在郊外山丘上的拉内诊所是负担周边地区的医疗设施，舒缓的山丘上散布着很多楼，远远就能望见其间的帐篷状大屋顶。帐篷复杂的形状也如连绵的山脉，下边是座椅、照明，栽种了茂盛的树木，并设计了清澈的水景。

　　让人惊讶的是屋顶使用的并非膜材料，而是网格索和玻璃。网格索曲面是把最高为12米的卷烟状

集成材料悬吊起来，再把周围的材料下拉。上面全是同样尺度的强化玻璃板（500×500、t=4+2），用不锈钢的金属夹形成重叠的"薄板屋顶"。玻璃一片片叠加整合了柔软的网格索变形。当然这样的分割方式也会在强风时灌进雨水，在屋脊部分为了防水使用了树脂材料。

　　玻璃大屋顶是在主体建成后改建的。这一空间的目的是为了供患者和来访者散步、休息，以及用于集会时的演出。

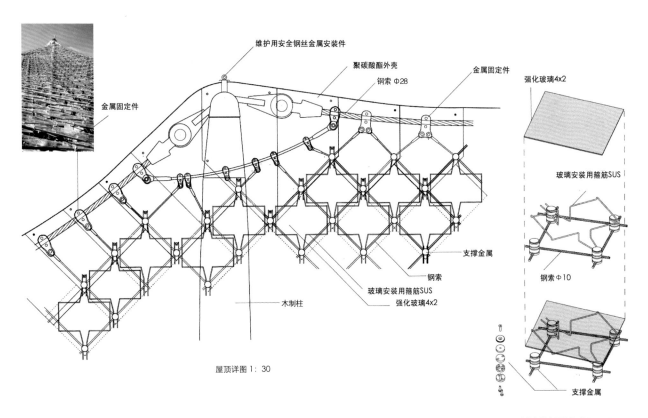

维护用安全钢丝金属安装件

聚碳酸酯外壳

钢索 Φ28

金属固定件

金属固定件

强化玻璃4x2

玻璃安装用箍筋SUS

钢索 Φ10

支撑金属

木制柱

玻璃安装用箍筋SUS

强化玻璃4x2

钢索

支撑金属

屋顶详图1：30

玻璃安装金属的构成图1：20

171

白色犀牛
White Rhino

日本 千叶县千叶市 ／2001
建筑设计　藤井明研究室
工程设计　川口健一研究室

© 川口健一

　　张拉整体结构独特的造型，吸引了许多建筑师、艺术家、工程师和研究者。其特点有如下几点：漂浮感的独特外观，受压材紧密地交叉，轻盈的交接部使结构整体的透光性很强，导入张力能大量减少构件数量和减小构件截面。

　　极大的变形和极难控制张力状态使张拉整体结构的实用化遇到了挫折。一般的张拉整体结构被认为能制作出雕刻等艺术作品，但是很难使用在实际建筑结构上。

　　"白色犀牛"在充分研究结构的基本性能之后，找出了控制变形和张力的方法，也考虑到了如何人工导入最大为22吨的张力。将典型的张拉整体结构成功运用到建筑结构上，创造出了具有积极艺术性与设计感的内部空间。

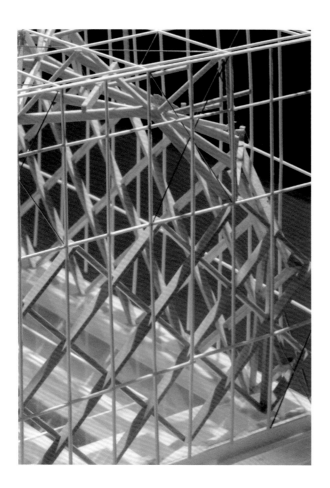

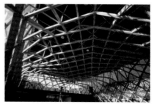

砥用町综合林业中心
Forestry Hall Tomochi

日本 熊本县美里町 /2004
建筑设计　西泽大良建筑设计事务所
工程设计　奥雅纳日本（Arup.Japan）

　　这个小集会所建于熊本县草木繁盛的丘陵地
上。小镇经济以林业为主，因此设计希望建造使用
大量当地杉木材，成为小镇的象征。

　　林业中心虽然不是复杂的建筑，但设计师希望
能让其看起来显得很复杂。但是表面上的复杂实际
上暗含着设计和施工上的合理性系统。立面的墙、
平面的屋顶都是由单纯的直线木材和钢网格构成
的。在桁架弯矩的网格上，根据木材和钢材的材料
特性计算出其交点的最小桁架力，在该力的范围之
内对桁架网格的交点的形态上下的变化。通过控制
12个坐标点的Z坐标，以这种单纯的方式创造出如同
灌木般的不定形态的建筑。

　　展览制作了整体的模型，表现出整体复杂性中
的规律性状态。

© 吉田诚

中国木材名古屋办公处
Nagoya C Office Building

日本 爱知县海部郡
建筑设计　福岛加津也，富永祥子
工程设计　多田脩二，大塚真吾（技术指导 冈田章）

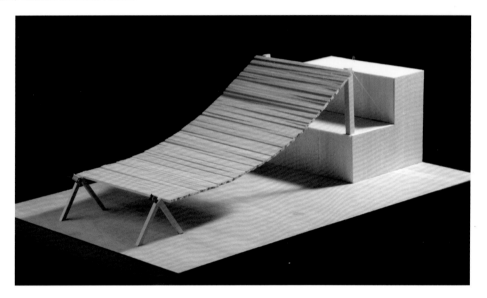

© 福岛＋富永建筑设计事务所

　　位于广岛的木材公司在名古屋的办公处，通过公开设计竞赛选出最优方案。竞赛初衷是希望使用该公司的最重要产品——用于住宅的小截面木材，来探索木结构建筑新的可能性。

　　对于这个有趣但困难的课题，提案通过小木材的悬吊、组装、叠加三种施工法，创造出大（500平米的营业室）、中（200平米的食堂）、小（70平米的会议室）三种全新但单纯的空间。

　　这种独特的构成在实现了大量必要的功能和空间的同时，展现出建筑整体的木构空间，特别是营业室的悬吊屋顶表现出木材的柔软性。在木材中加入预应力钢索，形成了有着自然木材柔和之美的悬吊屋顶曲面。

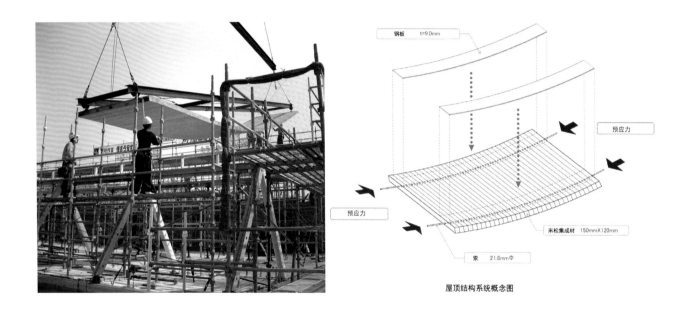

钢板 t=9.0mm

预应力

预应力

米松集成材 150mm×120mm

索 21.8mmΦ

屋顶结构系统概念图

175

卢浮宫美术馆倒金字塔
The Inverse Pyramid at Louvre Museum

法国 巴黎 / 1993
建筑设计　贝聿铭
工程设计　彼得·莱斯（Peter Rice）

　　小说《达芬奇密码》的主角是这个结晶状的结构体，上下翻转通过钢索固定在空中的地下玻璃金字塔。下部倒金字塔状位于地面上的"玻璃池"的玻璃屋顶下，玻璃顶由下部的金字塔形结构支撑，下部的网格状张弦索受拉，玻璃自身作为受压材承重。侧面同时要做防水和排水的处理。下部的金字塔区域由DPG（Dot Point Glazing）构件互相联系构成菱形的玻璃板，从地面部分边缘的结构上悬挂下来，在外侧固定后，又通过金字塔内部的钢索和

悬杆在空中固定住。卢浮宫美术馆主入口的地面金字塔由玻璃框支撑玻璃，而倒金字塔是完全的无框结构。

　　模型试图表现出钢索结构系统及悬杆在空中固定住玻璃面的情景。

名古屋大学野依中心·野依纪念学术交流馆
Noyori Memorial Center of Nagoya Univ.

日本 爱知县名古屋市 /2004
建筑设计　饭田善彦
工程设计　金田胜德（协助 斋藤公男）

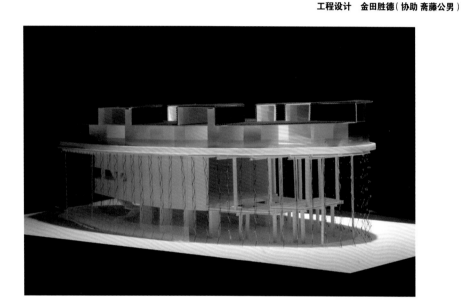

建筑位于大学内部小山丘间的山谷状建设用地上，为了不改变场地的形状让建筑融入场地，采用了椭圆形的平面。建筑被周围的树林围绕着，给人以漂浮在树林之中的感觉，底部用了玻璃，也希望让玻璃的支撑结构尽可能不影响透明感。

采用了富勒的弟子K. 斯内尔森发明的让受压材悬浮在空中的结构系统——张拉整体结构。张拉整体结构的受压材并非相互连接，而是用张拉材巧妙组合支撑，是微妙但富有魅力的系统，但因为稳定的问题，在建筑上很少应用。为了不让这种结构的魅力消失，斋藤公男使受压材能够相互连接来提高稳定性，并命名为张拉连接结构。交流馆的玻璃立面是由这个张拉连接结构支撑的。玻璃包围的挑空空间把外部风景引入，创造出室内外融合在一起的不可思议感。

© 斋藤公男

日本大学理工学部理工科学研究所
日本先端材料科学中心
Advanced Science Center of Nihon Univ.

日本 千叶县船桥市 /1995
建筑设计　秋元和雄
工程设计　斋藤公男

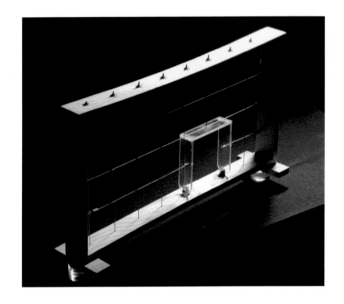

© 秋元和雄

　　科学中心将用于先端材料的研究和讨论等活动。V字形布局的研究楼和实验楼之间的中庭使用了最小单元玻璃装配法MJG（Minimum Joint Glazing），形成具有透明感的玻璃立面。

　　一般玻璃立面的构造法是区分玻璃的固定方法（点和线）与支撑结构（柔与刚）。这次开发的插入式玻璃面和钢索网格组成的最小单元玻璃装配法 MJG，没有在玻璃上开洞，而是用插入式点支撑法，导入预应力到直线型钢索同时抵抗正负压。把

玻璃的固定构件和支撑结构形成一体的节点，使各个部件的制作、施工变得容易，视觉上和技术上都达到极小化。该建筑是日本首次运用这种新的玻璃结构的项目。

　　二层流线上重要的桥，为了在视线上没有遮挡，创造出轻盈感，使用了张弦梁结构。

左图，从左至右：
• 名古屋国际机场（1999），长达150米的拉索以及遮挡西晒的帷幕。
• 名古屋劳灾大厦（1999），纤细的墙面用水平的扶壁补充强度。
• 张拉整体桁架（TYPE 3）的玻璃立面。（2002，西新宿六丁目项目）

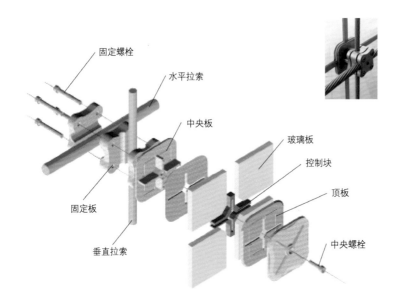

固定螺栓

水平拉索

中央板

玻璃板

控制块

固定板

顶板

垂直拉索

中央螺栓

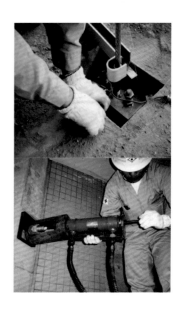

左图，从左至右：
• 将前庭的樟木引入中庭。
• 用CG描绘的"风孕育的庭鬼蜘蛛的巢"由P. 莱斯 和R. W. 林恩共同研究。
上图，左图：MJG和结构系统。
上图，右图：横向和竖向的拉索的预应力导入。

建筑会馆·可动式穹顶
Sliding Dome of AIJ

日本 东京都港区 ／2001
建筑设计　秋元和雄
工程设计　斋藤公男

　　1981年，作为100周年纪念活动之一，日本建筑学会举办了位于东京有乐町和田町之间的新建筑会馆竞赛。竞赛共征集到523个方案,最优秀方案是围绕着庭院的都市型空间，该设计的简洁性与场地的紧密联系得到了很高评价。

　　到了2001年，时任仙田满会长认为"中庭成为展示空间能使建筑会馆更加有效"，该设想希望建筑作为长久的建筑博物馆。相邻的室内大厅、展厅与中庭一体化，试图有效利用会馆的空间。

　　最初的意向是中庭空间平时是开放的，举行活动时覆盖轻质的穹顶，出人意料的"集会的空间"就瞬间出现了。

　　设计的关键前提条件是"不破坏现有的建筑功能，创造出结构和建筑设计上优秀的作品。"

　　提案是超轻型结构，即可以人工制作的张力混合结构（张拉连接式桁架结构和悬挂式张力膜）的可动式穹顶。

© 斋藤公男

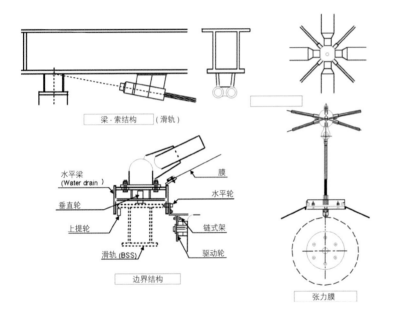

梁 - 索结构（滑轨）

水平梁
(Water drain)
膜
垂直轮
水平轮
上提轮
链式架
滑轨 (BSS)
驱动轮

边界结构

张力膜

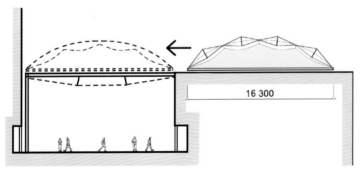

16 300

上图，左图：可动屋顶细部。
上图，右图：张拉整体桁架和衣架式张
力膜。
左图：中庭剖面图。

札幌穹顶
Sapporo Dome

日本 北海道札幌市 /2001
建筑设计　　原广司+Atelier Φ 建筑研究所+BNK 建筑事
务所(Atelier BNK)
工程设计　　佐佐木睦朗 丹野吉雄 细泽治

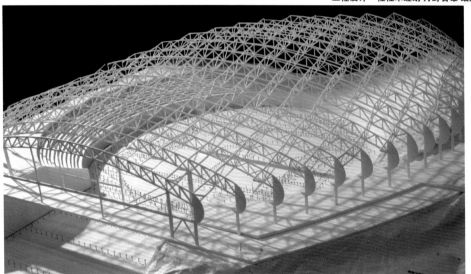

© 竹中工务店

札幌穹顶是能根据棒球和足球不同的用途改变
内部空间的特殊体育场。足球场的天然草坪台能从
室外移动并旋转进室内。为了让足球场移动，必须
要在穹顶设置出入口。穹顶作为壳体结构本来是封
闭的形态，札幌穹顶却有着大型开口。桥体控制着
大开口产生的力的偏移与平衡，实现了"形"的开
放与"力"的闭合。

由于棒球和足球完全不同的内部空间需求，开
发了旋转式可动坐席、开闭式可动坐席等设备。

模型表现的是足球场从室外球场移动的轨
迹。完成移动需要87分钟，完成旋转则要127分
钟。模型直观地表现了穹顶移动需要的最小开口
面积。

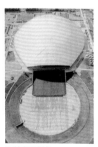

© 竹中工务店

国际教养大学图书馆
Akita International University Library

日本 秋田县秋田市 / 2008
建筑设计　仙田满
工程设计　山田宪明

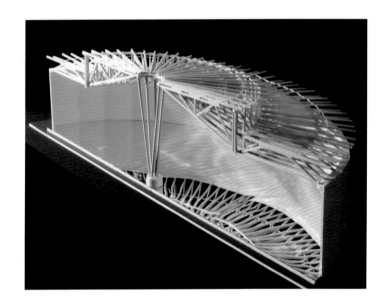

　　国际教养大学是2004年成立的以"世界标准"为目标的公立大学，图书馆是世界上十分罕见的24小时开放的木构图书馆，是其中枢设施。方案以"使用秋田县产木材建造的别处没有的木构图书馆"为目标，建筑和结构起了戏剧性的决定作用。建筑师在名为"书的剧场（book colosseum）"的截面为分段式的半圆形大空间上，加入了能承载1.5米积雪的二段式平屋顶，从屋顶的高差中光线照进静谧的图书馆。与这个景象呼应，结构师在这个国际化的兼具理性和感性的大学图书馆中，采用了在秋田乃至日本都十分普遍的材料—秋田杉，并通过传统的木构技法创造出纤细的意味深厚的结构。从秋田杉中等大小的圆木中取中段和钢材一同使用，用普通的技术构成的半圆形放射状的混合结构，把各种概念和问题消化之后，到达建筑与结构完美融合的状态。

上图：室内照片

半圆形混凝土外墙中，以秋田杉木为材料，采用传统木工技术制作而成的放射状双重复合梁，如套娃般嵌套布置。放射梁集中的圆心，为了消除杂乱感并减小梁的跨度，在距离圆心2.5米的地方设置了圆弧钢梁。六根直径300毫米的杉木柱为主要支撑，屋顶高差处和外周部使用钢空腹梁和悬挑柱，屋顶地天光塑造了空间的开放性。屋顶高差处用六根360毫米的方柱支撑空腹梁。只用上述那些结构的话积雪时会产生很大的变形，所以屋顶面板承载了结构作用，以此形成立体的稳定状态。仅仅通过秋田杉和铁两种材料，以传统技术构成的这个混合结构，创造出纤细而意味深厚的空间。

上图：放射梁样板（mock-up）照片

通过制作1:1的节点模型，从双重复合梁的节点的应力传递、施工性、美观性等多重角度反复推敲。双重复合梁是由适合跨度的斜梁和交叉梁两种梁重合而成的，实现了大承重、大跨度、小断面的轻快的结构。虽然这种复合梁力学上十分合理，但因为节点很多需要使用大量金属件，既增加成本又影响美观，通过日本传统的木工技术的榫卯连接来解决。

为了有效利用中等大小的圆木（直径20～30厘米），木材主要使用了秋田杉木材当中直径5～8寸，长度4～8米的材料中段。

Enpark · 盐尻市市民交流中心
Enpark

日本 长野县盐尻市 / 2010
建筑设计　柳泽润
工程设计　铃木启

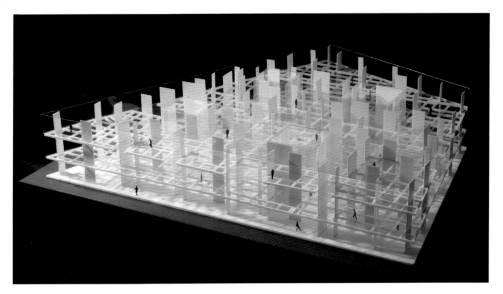

盐尻市人口约6 800万人，旧中山道宿场和大门中央路由于盐尻JR车站的转移被改造成了shutter商店街。为了激活中心市区的核心项目Enpark，是在2006年的公开竞赛中选出的设计。建筑结构和概念最大的特点是约100根预制混凝土薄壁柱。建筑第四层用400毫米厚的空心板作为人工地面，再在上面用轻质钢结构搭建办公部分。因此办公部分的布置完全不受下部结构的制约而十分自由。随机布置的壁柱既是建筑的结构，又是连接图书馆和交流设施的设计。通过反射洒下的自然光，创造出各种各样的空间。单边的铁板的壁柱以1 250为模数，分成2 500、3 750、5 000四类。希望这个当地的新地标建筑能够成为支撑各类活动的骨架，空间的密度能激活大门地区的活力。高度11.4米的壁柱一根根站立着，充满结构意味的风景在建造过程中就吸引了市民的兴趣，这也是公共建筑应该承担的责任之一。Enpark建成一年后，开始被当成盐尻市的一处新自然风景。

JFE Chemical · 化工研究所
Spiralab

日本 千叶县千叶市 / 2009
建筑设计　木下昌大
工程设计　森部康司

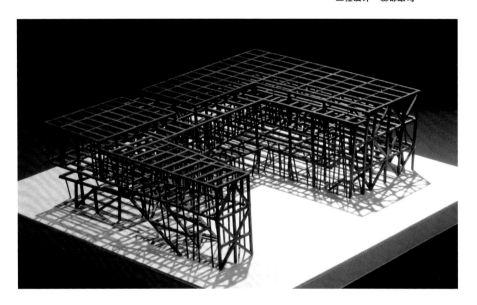

JFE Chemical化工研究的建设旨在提升研究效率，同时作为企业的形象。指名竞赛最后选用的木下昌大的方案中，以将来空间分隔的变更、安全区域的设立以及观者的流线的简化为概念，将各个房间以直线状布置，然后将其变为旋涡状的形式。中间是有高度机密性的办公室等，依据空间构成而来的体量形成很有特点的外观。为了尽量实现这种很特点的形式，结构上首先设置了三处在平面上几乎是正三角形的抗震核，使"凹"字形建筑平面不发生变形。核中一处是通高，为了不让水平力传到边上的斜撑截面上，倾斜的地面做了抗震处理。

螺旋状空间由构成独特立面兼作二次部材的网状柱形成，从而形成刚性很大的管状空间。这些网状柱构成的外墙面上，最大出挑4.5米的悬臂梁的前端变形由于空腹效应（vierendeel action）而更加均匀。对应不同应力而设计的具有层次的结构材料，一部分在室内暴露，形成具有韵律感的内部空间。

羽田 Chronogate · 会议中心
Haneda Chronogate / Forum

日本 东京都大田区
建筑设计 / 工程设计　日建设计

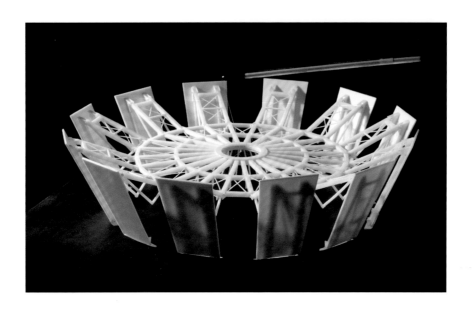

　　羽田机场旁边的基地上，建造的是承接日本国内外物流业务的新时代物流设施——"大和组"的物流站羽田 Chronogate，名为"和之乡公园"的地域贡献设施群的其中一幢就是会议中心（forum 栋）。

　　倾斜外墙是建筑的特征之一，由倒圆锥曲面构成。倒圆锥曲面由预制混凝土板（PCa板）构成，跨度约60米的大屋顶上架起张弦梁。PCa板活用了预制材料的特点，在室内外都做了打磨处理，结构

也是装饰材料。

　　项目也挑战了施工的合理性。为了减轻屋顶施工搭建的脚手架和PCa 板的支撑材料的重量，利用这个特殊的建筑形态提出了施工方案，"外墙PCa板的花瓣会由于自重而打开，折叠状态的环索式（hoop）张弦梁也因此上升（up-lift）"。

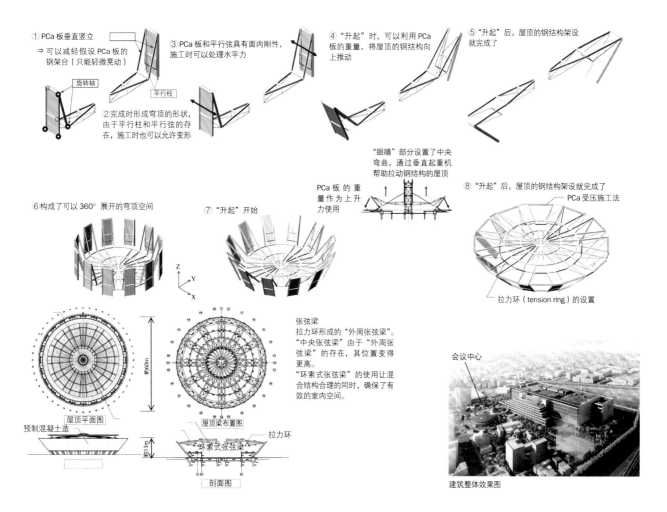

① PCa 板垂直竖立
⇒ 可以减轻假设 PCa 板的钢架台（只能轻微晃动）

旋转轴

③ PCa 板和平行弦具有面内刚性，施工时可以处理水平力

平行柱

② 完成时形成穹顶的形状，由于平行柱和平行弦的存在，施工时也可以允许变形

④ "升起" 时，可以利用 PCa 板的重量，将屋顶的钢结构向上推动

⑤ "升起" 后，屋顶的钢结构架设就完成了

"眼睛" 部分设置了中央弯曲，通过垂直起重机帮助拉动钢结构的屋顶

PCa 板的重量作为上升力使用

⑥ 构成了可以 360° 展开的穹顶空间

Z
Y
X

⑦ "升起" 开始

⑧ "升起" 后，屋顶的钢结构架设就完成了

PCa 受压施工法

拉力环（tension ring）的设置

张弦梁
拉力环形成的 "外周张弦梁"。"中央张弦梁" 由于 "外周张弦梁" 的存在，其位置变得更高。"环索式张弦梁" 的使用让混合结构合理的同时，确保了有效的室内空间。

约60m

预制混凝土造

屋顶平面图

屋顶梁布置图

拉力环

约13m

环索式张弦梁

剖面图

会议中心

建筑整体效果图

东京工业大学铃悬台校区 **G3** 栋改造
Tokyo Institute of Technology Suzukake-dai Campus G3
Building Retrofito

日本 神奈川县横浜市 / 2010
建筑设计　奥山信一
工程设计　和田章，元结正次郎，坂田弘安

　　东京工业大学铃悬台校区1970年代的总平面图和主要研究楼的设计，是由以当时建筑学助理教授谷口汎邦（现名誉教授）为中心的长津田研究室负责的。当时的设计尊重了起伏丰富的地形，也考虑了将来进行阶梯式的设施扩建，主要的建筑群是几栋集合了研究空间的高层建筑。经过30多年，当时设计的高层研究建筑需要进行抗震的结构增强。增强抗震改造的方案概念上尊重原设计，不改变开口的比例，不阻挡窗口视线，加入一种"心棒"结构，控制高层建筑垂直方向上的震动模式。"心棒"结构是通过建筑各层的连续刚性墙壁（连层抗震墙）使各层的变形匀质化，从而让建筑整体共同抵抗地面震动。连层抗震墙脚部可以自由转动，并施加了很大的预应力使之不容易受弯曲破坏，更能发挥其作为"心棒"的作用。此外，连层抗震墙和现有柱子中间的钢减震器（damper），能利用连层抗震墙转动时产生的位移，减轻地震时的破坏。

新宿中央大楼
Shinjuku Center Building

日本 东京都新宿区／1979（2009 年改造）
建筑设计／工程设计　大成建设

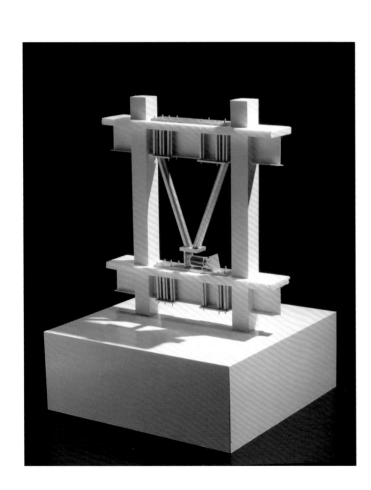

　　新宿新市中心超高层建筑群的第七栋——新宿中央大楼于1979年竣工。2009年，政府开始对高度超过150米的现有超高层建筑进行针对长周期地震的改造。长周期地震摇晃缓慢，随着巨大地震的发生会传到距离震源很远的地方，地震持续的时间也很长，因为共振的缘故，周期很长的超高层建筑有长时间剧烈摇晃的危险。近年来，东海、东南海和南海等地发生大地震的可能性很高，那些地震如果发生，会给超高层建筑带来巨大的影响。所以，针对长周期地震，要在受灾前就提前想好对策，以便地震后可以顺利继续使用。

　　为此，新宿中央大楼外周设置288台（每层12台，共24层）的避震阻尼器。避震阻尼器使用了特殊的oil位移型阻尼器（Oil damper），不再需要像以往做法中那样对既有的柱、梁、基础进行增强。避震阻尼器的安装采用了不需要焊接的预制钢管，因此施工不会影响建筑的正常使用。日本东北地区太平洋地震时，因为长周期地震的缘故，东京和大阪的超高层建筑物都剧烈摇动，但这栋建筑因为避震阻尼器的作用减少了22%的摇晃，因而没有受到重大的损失，也没有影响这个改造项目的继续进行。

赤坂王子饭店解体工程

日本 东京都千代田区 /1982
建筑设计　丹下健三
工程设计　播繁，Demolition，大成建设

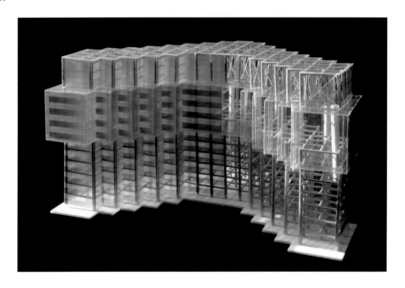

　　赤坂王子饭店是1984年第25届BCS奖获奖作品，被视为日本酒店建筑的代表。作为日本著名的超高层酒店，它建造于赤坂见附的缓坡地上。房间全部位于角落，因此拥有良好景观。酒店外形优雅，与周围环境融为一体，形成丰富的表情变化。作为赤坂的地标，它深受人们的喜爱，下层的大宴会场经常作为演艺圈、体育界人士结婚的宴会场。这里可以说是潮流的引领者，在年轻人当中有着很高的人气和评价。

　　2011年东日本大地震时，酒店虽然已经歇业，却在4月到6月的三个月间接纳了许多避难人员，是非常重要的避难设施。2012年到2013年，大成建设采用超高层建筑解体施工法（Taisei Ecological Reproduction System），将这栋建筑拆除。在拆除的过程中，建筑慢慢变低的样子，经常被放到电视和网络上，很多人特意到赤坂来与它作别。这种封闭式解体施工法能抑制噪音和粉尘，降低负荷，而且其集成废料发电的系统，还获得了制造业日本大赏内阁总理大臣奖、建筑学会奖（技术）及国土技术开发奖。

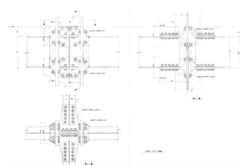

顺时针：
- 旧赤坂王子饭店建设时的情形（1980—1982）。
- 纤细的结构框架计划和悬臂楼板结构，各角部是悬臂结构，没有柱子，所有客房相连，是一个视域开阔的建筑结构。
- 柱梁交接处：不用焊接，而是特征鲜明的螺栓连接，采用 high split 结构的柱梁交接。
- 赤坂酒店因其美丽的外观成为很多人记忆中印象深刻的建筑。

最上层形成了倾斜的桁架结构，切断已有的柱子，用新的柱子支撑，创造可以适应解体工程的宽阔的内部空间。

新的柱子内藏有千斤顶，对内部进行解体，屋顶可以和外墙部分一起下降，建筑内部解体材料的移动和处理，都不会阻碍外部的解体作业。

灵活使用现有的条件，根据不同的结构框架变化，使得140米的超高层建筑安静地消失成为可能。

下图：赤坂店从内部解体，建筑徐徐下降的情形。在解体中的建筑上方，形成与外墙契合的落脚处。

解体前，装修材料撤去以后的状态。3.2米的层高，跨度4米的柱子密集分布。

现有的柱子切断，内部藏有千斤顶的柱子承受屋顶，形成解体作业用的大空间。

TECOREP 的下降作业结构
①下降的准备
N-1层解体后，蓝色的水平支撑材料降到N-2层。然后，用千斤顶支撑柱子和屋顶的桁架，支撑材料一直做到N-4层，以此支撑N-2层以上的重量。

②下降
拉索向下拉，屋顶和外墙一起下降（图中外墙省略），一层降完了以后，下一个N-2层解体开始。

羽田国际机场航站楼

日本 大田区 / 2010
建筑设计 / 工程设计　梓设计 + 安井建筑设计事务所

　　羽田国际机场以打造使日本和世界更便利、更安心、更舒适地连接的快速都市机场为目标，如同"东京的天空之窗"一般，航站楼将作为兼具柔和的景观、空间和设备的新型机场设施。

　　航站楼的特征是云朵状向天空伸展的动态的大屋顶。内部空间是由25米高的玻璃幕墙和天窗形成的明亮开放的空间。为了实现设计概念，没有使用悬浮结构那样加强柱子刚度的结构，而使用了加强大屋顶的梁（桁架单元）的刚度的结构，从而减轻柱子的负担，实现了69×171米的无柱空间。另一方面，由于柱子的刚度变小，桁架单元之间设置了天窗，减小了屋顶的整体性，地震时会产生各种各样的晃动。为了解决这个问题，大屋顶的前方的阻尼器（oil damper）吸收了地震的能量，与后侧的竖挺共同抑制桁架结构的上下晃动，确保了建筑的安全性。

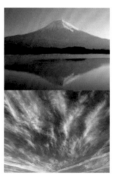

设计概念是四角形的箱子上面漂浮大屋顶。各个部分是"秋天干爽的天空中漂浮的云朵"、"富士山原野的轮廓线"和"从云的间隙中落下的光柱"之类的自然场景，将流传下来的古代地域传说的形象抽象化，并用现代的建筑技术表现。

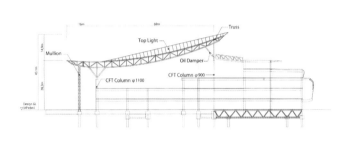

结构剖面图

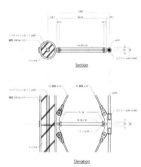

竖挺

<u>悬挑结构</u>

悬索

巨型柱

桁架

垂直晃动

地震波

<u>梁结构</u>

桁架

细柱

<u>桁架 + 阻尼器 + 竖挺</u>

竖挺

减少反弹

阻尼器

吸收能量

结构

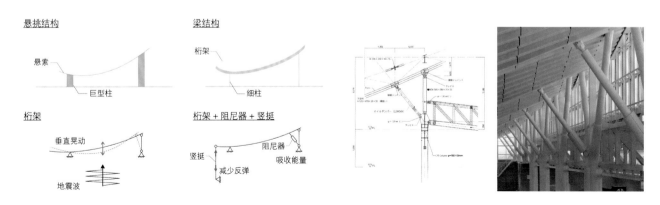

阻尼器

Archi-neering 设计展 2008 年回顾
学生制作模型的意义

建筑结构创新工学设计展的关注点是支撑着建筑的设计和生产的工程设计，各方对此都很关注，其间有超过6000人次的参观者。"建筑创新工学设计展"是日本建筑学会会长斋藤公男提议的，意在支持建筑的工程设计。展览会的主角是模型。模型并不是建筑最终的形态，而是解剖表现结构的组织。展示了从世界遗产"马丘比丘"到中国北京的"鸟巢"等130多件作品。标语是"用模型快乐地表达世界建筑"。模型大部分是大学生制作的。关于展览的意义及反响，采访了东大名誉教授内田祥哉及东工大教授藤冈洋保。

建筑结构创新工学设计展的回顾
内田祥哉（东京大学名誉教授）

"数量之多让人惊讶，感受到了建筑学会的力量。大家都很惊讶吧。大部分都是学生制作的，这就是其意义。东大也有一年级学生参加，他们也许并不知道这些著名建筑，从中能学习到很多。"

内田名誉教授认可了学生制作模型的重要意义。"确实是很用心制作的，一般人见了会觉得这是专业人士制作的吧。"

看到结构后就会觉得现代主义的时代真好。

"能够理解木结构之类的结构。林昌子的展览会没有区分整体和骨架。但钢筋混凝土和钢结构、骨架和表皮是不同的。这需要表现。建筑师中对于这些结构不了解的人也有很多。比如专门设计住宅的人就会不了解，而看到模型后就能理解其重要性。现在见到的这样数量的模型已经展现出主办方的能力，让人很兴奋。"

"可能的话让高中生看看也不错。如果学校作为会场，一个班级中有一两个人会有兴趣，对于大学的建筑学科也会产生兴趣吧。这次的展览时间比较短，很多人不能完全理解展览的作品，地方的大学生和大众也想参观的吧。"

斋藤会长在展览会的宣传册上引用了奥雅纳的名言："工程学也许比科学更接近于艺术。"

内田名誉教授说："工程学是更像艺术。人们见到艺术后会感动，技术也让人感动。我认为即使是生活，只要能给人以感动的话就是艺术。但是技术并不仅仅是给人感动，也有明确的社会赋予的要求。例如社会需要创作圆形的作品，那就要做出绝无仅有的圆形作品。因此技术是艺术般的事物。斋藤会长的建筑结构创新工学展，本质是关于技术的，这和我所考虑的是相同的。"

"学生从这次的模型制作中能够理解到工程学就是艺术。"

大家的模型所给予的鼓舞
藤冈洋保（东京工业大学教授）

该展览主题的广阔，展示的多样化，各种展示模型展现出极大的热情，参观者络绎不绝，让人很受感动。从"建筑结构创新工学"的造词上可以看到企划者的心血，传达出设计不仅是技术，技术不仅是设计，而是两者整体的思考创作。

让人易于理解的古今世界的著名建筑的结构组成有着重要的教学价值，负责的学生能学习到很多，展示出如何在整合设计和技术的基础上具体地创造出各种各样的概念，努力制作模型的学生给人以巨大的鼓舞。

遗憾的一点是展览时间太短，期待该展览能在其他展场进行下去。

（建设通信新闻2008.12.18）

挑战抗震和高度
Endeavour for the Height and Safety

屹立在大地的柱子——是向神祈祷的宇宙柱。

无论是石头还是木头的柱子，

都是建筑的原点。

而对高度的追求，

显现着人类对荣耀、执念、权利和财富的追求。

在21世纪，超高层的意义是什么呢？

当然是支撑着城市高密度的经济文化活动，

或者说是激活城市的活力，

彰显交流的象征性功能。

但是，中国和中东地区过热化的

超高层的高度竞争却不知其终点。

人类的欲求和社会的欲望，

到底要迈向何方？

建筑创新工学的另一层意义是

在地震多发的日本，如何确保安全性。

包含抗震、制震和减震，以及对现存建筑的激活改造等方面，

结构（硬件）和建筑（软件）两种性能紧密结合。

现今思考的关键词是"抗震设计"。

世贸中心
World Trade Center, WTC

美国 纽约／1972
建筑设计　山崎实
工程设计　莱斯利·罗伯森（Leslie E. Robertson）MKA

　　纽约世贸中心的遗迹长期被称为"空置之地"，现在自由塔等新建筑工程在建中。

　　世贸中心是在战后建设中首先超过400米的钢结构超高层建筑，当时被称为世界上最高的建筑，负责结构设计的是当时仅30岁出头的L.E. 罗伯森。结构由承受垂直力的核心柱和承受外部垂直力及全部水平力的外围管状结构组成，尽可能获得办公空间，是划时代的追求效率的作品。外立面强调垂直线条，为了控制风摆动，在楼面和外墙交接处使用了制震板，是世界上最早的制震结构之一。

　　模型制作上用亚克力材料雕刻出外围管状结构，MDF木模型则表现出比例和体量感。

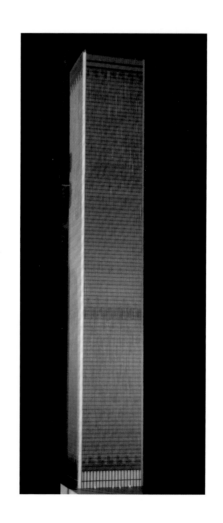

© Stan Ries

东京都厅舍
Tokyo Metropolitan Government Buildings

日本 东京都新宿区 /1990
建筑设计　丹下健三
工程设计　武藤清 + MUTO

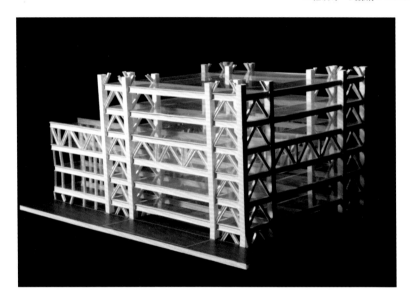

东京都厅舍是个复合建筑群，包括高242米的第一厅舍、高162米的第二厅舍以及环绕着市民广场的高41米的都议会事堂。主建筑初看外观复杂，但结构是很单纯的。左右对称设置了八个柱子一样的核心筒，核心筒的四角布置柱子，这四根柱子和梁、K形斜撑一起形成了一根超级柱。该超级柱的长短边以6.4米的间隔布置两条梁，并重点布置由梁、K形斜撑组成的超级梁来连接超级柱，由此形成了超级结构。该结构系统因为抗震元素较为集中，因而能够较容易抽离超级梁以外的梁，超高层的下部也能形成大跨度的挑空空间。整个建筑的结构部件尺度统一，由6.4米和19.2米两种基本尺寸构成。

模型仅仅制作了第一厅舍结构部分，与整体复杂的外部形成对比，表现出结构设计师的设计方针"极简结构"。第一厅舍的局部模型明确表达出从整体模型上很难理解的柱、梁、K形斜撑的关系。

中国中央电视台
CCTV (China Central Television)

中国 北京 / 2009
建筑设计　雷姆·库哈斯（Rem Koolhaas）
工程设计　奥雅纳公司（Ove Arup）

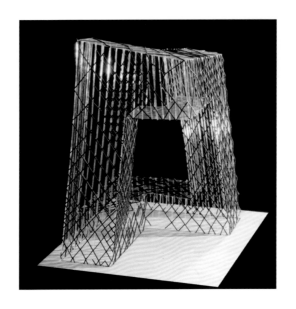

© 奥雅纳

　　两栋上下相连的塔楼，水平与垂直方向上形成环状的形态。库哈斯设计的这座234米高的超高层建筑是北京快速现代化建设令人瞩目的成果。

　　建筑外表皮的筒状结构是其主体，筒状结构的网格由斜撑、柱和梁组成。建筑内部是同样令人瞩目的各种类型的钻石形状的斜撑。受力较大的部分斜撑的密度较高，最终的形态是大小不一的钻石形并置，这是经反复调整、解析、探讨而得出的。所有的材料都在允许的最大应力下工作，几乎没有任何效率上的浪费。在设计过程中计算机软件应用的工作量很大——巨大的解析量，高精度的检查工作，而且在有限的时间内完成，如果没有高性能的软件恐怕是不可能实现的。

　　模型的制作表现了不规则的斜撑，并尝试以视觉捕捉作用力的流转。

Mode 学园蚕蛹大厦
Mode Gakuen Cocoon Tower

日本 东京都新宿区 /2008
建筑设计　丹下都市建筑设计
工程设计　奥雅纳日本（Arup Japan）

　　Mode学园蚕蛹大厦位于西新宿，以文化交流为目的，兼设商业设施，建筑高203米，其中置入了三个学校（东京Mode学院，HAL东京，医学综合学院），每三层配置一个具有三组教室体量，以及三层楼高通风中庭的立体校园。这是针对在大都市中如何垂直建设学校建筑的一个探索。

　　设计如蚕蛹一般，代表充满创造力的年轻人在其中等待破茧而出。通过斜向框架和印有带状圆点图案的玻璃，使其具有蛹一样的具象外形。与外部曲面形式相对的是简单而完整的内部空间；外壳的刚性结构反而使用了柔性的结构，使其可以适当变形，其中置入减震装置（液压减震器），可以吸收地震和风的能量。建筑顶端还有可开合的机械，可供直升机和维修吊舱使用。

　　展示模型是由建筑师提供的，让人感受担负起新时代使命的年轻人的潜力和意识，以及大都市特有的学校建筑的巨大可能性。

Mode 学园螺旋塔
Mode Gakuen Spiral Tower

日本 爱知县名古屋市 /2008
建筑设计 / 工程设计　日建设计

　　Mode学园螺旋塔的结构设计条理清晰，是"地震国家也能具有的自由形态的超高层建筑"。钢管CFT柱和钢管支柱组成高强度的中央内桁架管柱（Inner Truss Tube），采用轴力抵抗系统将所需的钢材量降到最低，确保合理的耐力和刚度。螺旋的形态构成的外围斜柱可以分散地震力，纤细的结构保证了外表的透明性。

　　外围结构并非仅仅支撑平时的荷载，而是积极地组成抗震系统。内管桁架整体弯曲变形十分灵活。利用外围柱子轴向伸缩的抗震系统，每隔3~8层取消柱子，垂直方向的层间变形集中，从而提高减震器的效果。屋顶还配置了名为TMD的巨大抗震器，利用约占建筑重量1%的混凝土制成，地震时两个减震系统可以减小最多两成的变形量。

　　结构模型中，作为主要抗震要素的强韧内管桁架以红色表示，纤细斜柱的主体环状架构以白色表示，抗震柱用黄色区分，清晰地表达了力的流动。抗震柱和屋顶抗震这两个抗震系统，可以使参观者实际体验模型摇动时的抗震效果。

© 铃木建一

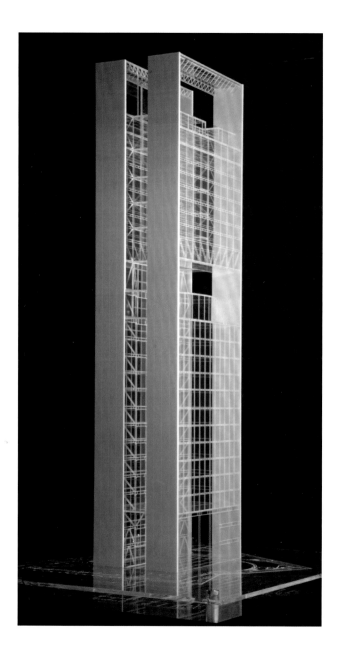

代代木研究学校本部
Yotogo Seminar Main School Yozemi Tower OBELISK

日本 东京都涉谷区 /2008
建筑设计／工程设计　大成建设

　　这个高134米的超高层建筑由低层教室区、高层住宅区以及两个辅助空间（15层的饭店和16层的空中花园）组成。不同的功能和模数用一个完整的形式整合，两个山墙面上配置了四个"超级墙体"。超级墙体即全层的抗震墙，与边界梁连接的钢筋混凝土壁柱（墙厚640毫米，宽9米），两者将建筑的抗震元素都集中于短边方向。长边方向利用低层的核心筒和教室的边界，由钢支柱结构（核心框架）组成，它与两个山墙面的超级墙体连接形成工字形平面结构。其次，利用高层部分最底层的设备层（17层）形成巨型桁架（maga truss），将高层部分的荷载传递给超级墙体，高层和低层之间的巨大开口（空中花园）实现了教室层的无柱大空间。

　　模型通过超级墙体在视觉上展示了结构如何整合形成统一的形式。超级墙体等巨型结构是这个建筑的象征，为了与之区分，其他部分都用透明材料表示。

© 大成建设

普拉达精品店（青山店）
Prada Boutique Aoyama

日本 东京都港区 /2003
建筑设计　赫佐格与德默隆（Herzog & de Meuron）
工程设计　竹中工务店

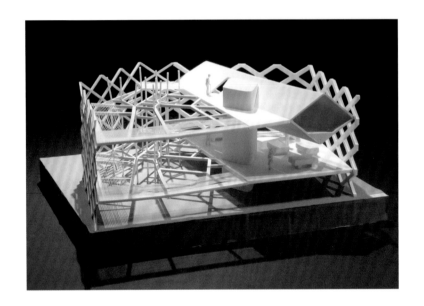

建于东京青山的普拉达精品店，建筑全体被菱形网格和玻璃覆盖，形成如水晶一般的独特外观。网格是主要的结构材料，并承担了主要的水平力；外壳网格和电梯等垂直核心筒共同承担了垂直力。店内是无柱空间，水平管状空间和楼板提高了整体刚度，楼板顶端的外部配置了圈梁。圈梁是横置的工字钢，它与外壳菱形网格的节点相连，减少了对网格上下方向的破坏。这个主要的结构体，不仅支撑了建筑，而且划分出内部空间，形成了外部表皮，是非常一体化的做法。

建筑的地下部分使用了减震结构，此一设置让承受水平力的外壳网格的钢材截面不至于太宽。地下一层的地板下配置了减震材料，里面采用的减震结构配置了14个叠层橡胶和25个滑动支撑。

展示模型简洁地表现了构造、空间、表皮的一体化，为了让人充分了解空间结构，做成了剖面模型的形式。

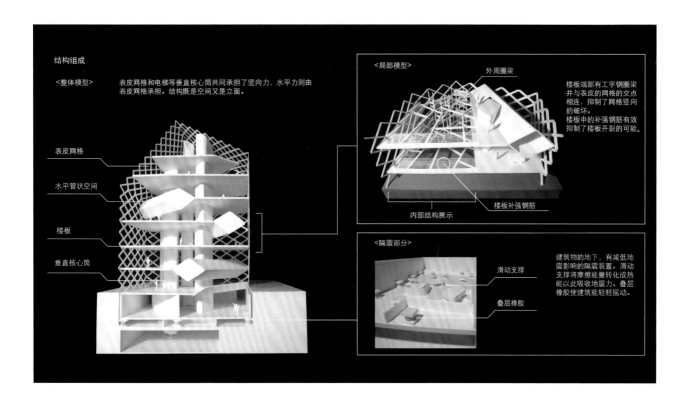

结构组成

<整体模型>　表皮网格和电梯等垂直核心筒共同承担了竖向力,水平力则由表皮网格承担。结构既是空间又是立面。

表皮网格

水平管状空间

楼板

垂直核心筒

<局部模型>

外周圈梁

楼板端部有工字钢圈梁并与表皮的网格的交点相连,抑制了网格竖向的破坏。
楼板中的补强钢筋有效抑制了楼板开裂的可能。

内部结构展示

楼板补强钢筋

<隔震部分>

滑动支撑

叠层橡胶

建筑物的地下,有减低地震影响的隔震装置。滑动支撑将摩擦能量转化成热能以此吸收地震力。叠层橡胶使建筑能轻轻摇动。

爱马仕之家
Maison Hermes

日本 东京都中央区 /2001
建筑设计　伦佐·皮亚诺（Renzo Piano）
工程设计　奥雅纳日本（Arup Japan）

© 盐谷胜田

　　这是一个平面10米×3.8米，高48米的塔楼形成的巨型结构。根据伦佐·皮亚诺的设计，主要的结构集中在核心筒的空间。通过一种"Stepping column"的系统，在塔顶和塔底柱脚之间产生巨大拉力。柱脚在受到拉力的同时，抵抗地震时的水平力。

　　该结构是一种特殊的自律型抗震结构，它讨论的并非以往那种"要么坚硬要么柔软"的做法，而是在更高的层次上应对地震力：通过柱子的受拉来实现建筑的振动周期的递减变化，从而达到减轻地震力的效果。不使用传感器和电脑，系统自身的结构特性与外力的变化相适应。这种做法并非与地球（自然）相对抗，而是根据建筑上拉力的允许范围，减轻了40%的地震力。

　　展示模型是铝制的，再现了柱脚1/2的部分。柱脚部上拉的结构细部由一种经常用于制造气缸的球面轴承制成。

单摆及其应用
Gage Pendulum and Its Applications

2007
工程设计 川口建一研究室 + 冈部株式会社

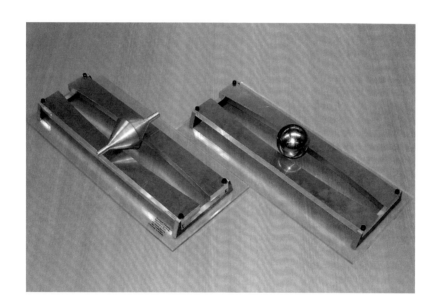

　　单摆是减震和抗震技术的基本原理。在单摆中，恢复到原来的位置的力，即复原力是必要的。而重力是地球上任何地方都能利用的最廉价的复原力。将重力作为复原力的减震/抗震技术类似于盘子上滚动的球体或者悬挂的单摆。这种系统中，为了使振动周期等单摆属性自由变化，盘子的曲面形状或者悬挂的长度必须发生变化。

　　单摆是非常单纯的结构组成。利用运动物的曲面性质，或者轨道的形状，以及重力形成复原力。轨道的形状和操作物的形状变化，不仅仅是振动周期，各式各样的单摆运动都可能实现。由于轨道的形状没有限制，随着单侧振幅周期缓慢变化的摆球，以及全体振幅与周期都不断变化的单摆都能轻易实现。

　　以单摆的原理为出发点开发的住宅用抗震装置（VP型抗震装置）已经日趋实用化（如右图）。

平衡抗震

Seismic Free System

日本 东京都江东区 /2006
建筑设计 / 工程设计　高桥靗一，SFS21 + 清水建设

　　屋顶抗震（平衡抗震）结构是由第一工房的高桥靗一、东京工业大学的和田章、竹内徹、奥雅纳日本分部的彦根茂，清水建设的SFS21组共同开发的技术。平衡抗震建筑是用高强度抗压混凝土建造受压的核心筒，用受拉性能很强的钢骨从核心筒吊挂水平层，然后在核心筒上部插入受弯的双重橡胶减震装置，如同平衡玩具一样让水平层轻轻摇动。振动周期是四层建筑5秒，100米级的建筑10秒以上，大幅超越正常的抗震结构，实现长周期化，从而大幅降低地震带来的房间的晃动。此外，因为核心筒只需中心落地，确保了一层自由的开放空间。对于地下铁轨道上方空间和既有建筑上方空间再开发，平衡抗震可能成为一种有效的方法。

　　模型展示了平衡抗震在地震到来时怎样震动，直观展示了实际震动效果。水平层的受拉柱表现了空间的轻盈。

© 第一工房

迪拜哈利法塔
Burj Dubai

阿联酋 迪拜 / 2008
建筑设计 / 工程设计 SOM

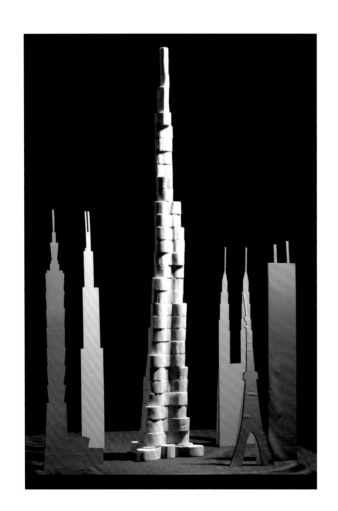

　　迪拜哈利法塔地下两层，地上160层，包括酒店、办公、商业设施、住宅等功能。总高约624米，施工中的尖塔处超过800米。尖塔的拱形是六片花瓣状的中东固有的设计主题。三个对称的几何平面，每七层一组，创造了动态上升的有机形态。

　　受制于混凝土泵的压送能力，156层以下是钢筋混凝土建造，以上的部分用垂直支撑的钢结构建造。建筑中心是六角形的封闭式核心墙，三个方向均延展的翼墙共同支撑垂直荷载，同时确保了扭矩刚度要求，抵抗风荷载。混凝土使用C60-C80（n/mm²），核心筒墙体的厚度从500毫米到1 300毫米不等。风洞试验证实建筑的形状能减少风的卡门漩涡效应。这个建筑并没有使用抗震设施，但预留了设置空间。建筑采用194个桩基础支撑的厚3.7米的固有基础。

© 大成建设

集合住宅 20K + 洗足连结公寓 + 祐天寺集合公寓

20K Apartments + G-Flat + Yutenji Apartments

**日本 东京都新宿区 ／ 2004 + 东京都大田区 ／ 2006 +
东京都目黑区 ／ 2010**
建筑设计　北山恒
工程设计　金田胜德

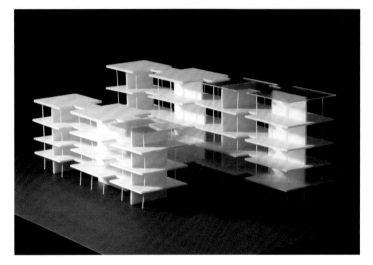

　　处在温暖的季风性气候带的住宅应该开放一些，但在大都市实现开放是很难的。保证住宅的私密性是集合住宅中首要的问题，而私密性首先就要防止视线干扰。但遮挡了视线也就意味着遮挡了交流；视线交叉的地方才能感受到他人的生活，然后才会产生交流。展示的三个集合住宅是在大城市密集地区的设计，它们都没有将人隔离开，而是以人与人之间的感知为出发点，创造出共同的开放空间。

　　在结构设计上，三栋集合住宅的外墙面都没有遮挡视线的构件。集合住宅20K的结构由每层中间的分户墙、床板和顶端设置的纤细支柱构成。这三种结构构件作为一个整体，形成了垂直和水平上都稳定的系统。洗足连结公寓将五栋集合住宅20K连接起来，布置成两列，中间隔着庭院。相邻两栋住宅内的单元的分户墙互相呈90°正交，以混凝土墙面内抗剪力来承担来自各个方向的地震力。天寺集合公寓每栋楼内部的承重墙以十字形布置，各个方向抵抗地震力，十字相交的墙壁的某处置入包围楼梯和电梯的"凹"字形墙壁，每栋楼都成为独立的稳定结构。

框架结构

一片墙很难使整个结构稳定，但是把墙壁和楼板连接，端头用柱子支撑，板状的壁柱和板状的楼板梁构成框架结构，就能形成稳定的结构。

结构材料协同作用一起抵抗外力，才能发挥它们的强度。

旋转移动

靠两片墙也很难使整个结构稳定。两片墙中心相交的地方会成为旋转的中心，不能阻止围绕它的旋转和移动。三片以上的墙布置在不同的延长线上，就形成了稳定结构。墙的中心线有两个以上的交点就能阻止旋转和移动。

连接

墙壁即使是分散的，只要连起来就能形成稳定结构。所以墙壁间得用楼板连接。楼板把墙壁连接起来之后，所有墙壁成为一个整体，共同抵抗地震力。

墙承重的稳定条件

增强结构强度方法的模型。只要在弱的方向加上纤细的柱子，就能阻止摇晃。

柱子的效果 减少建筑整体的摇晃，减少地板的挠度

从两个不同方向施压，会产生摇晃很大和完全不摇晃两种结果。摇晃很大的话，建筑就不能发挥功能了。

"港未来"中心大楼
Minato Mirai Center Building

日本 神奈川县横滨市 / 2010
建筑设计 / 工程设计　大成建设

　　这是在"港未来"地区建造的超高层办公楼，地上21层。标准层采用的是核心筒和规整的平面形式，东西两侧跨度22.8米的办公空间是无柱空间。厚400毫米的壁柱间隔3.2米布置，兼做立面装饰，形成垂直线条构图的立面特征。结构形式方面，主体结构用钢筋混凝土（RC），地面层楼板下有避震层。办公空间大跨部分用预制混凝土梁（PCaPC梁）抵抗垂直荷载，在楼板端部用了铰节点，减少壁柱方向的面外变形。PCaPC 梁使用了高强度混凝土（压缩强度80N/mm²）以及高强度钢筋（SD685），把梁高控制在一米。同时，钢筋混凝土壁柱与贯穿其中的钢梁形成的框架抵抗了水平力。橡胶垫和弹性滑动垫共同作用的抗震系统减少了地震力，钢梁中间部分的侧翼处使用了能量吸收材料（极低屈服点钢LY100），使其先发生变形，吸收地震能量的同时控制了作用在壁柱上的力，使400毫米厚的壁柱得以实现。避震结构和制震结构组合使用，进一步降低了地震时的摇晃。

楼板的重量等

一般的梁　　挠度 ⓧ大

导入预应力

楼板的重量等

预应力　　　预应力梁　　挠度 ⓧ小

大

挠度

小

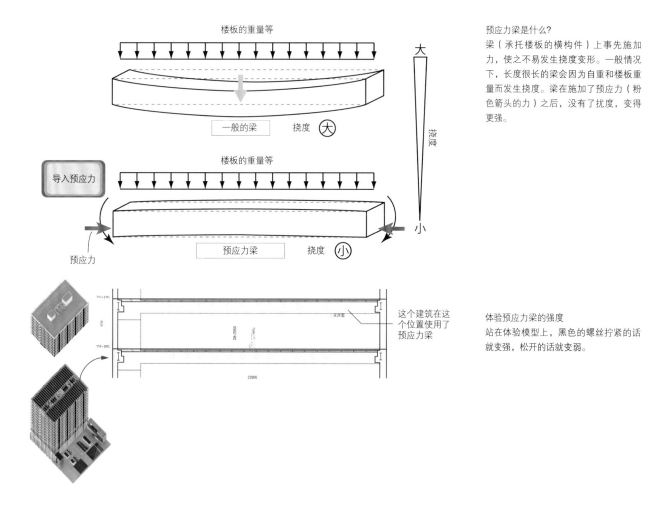

这个建筑在这个位置使用了预应力梁

预应力梁是什么?
梁（承托楼板的横构件）上事先施加力，使之不易发生挠度变形。一般情况下，长度很长的梁会因为自重和楼板重量而发生挠度。梁在施加了预应力（粉色箭头的力）之后，没有了扰度，变得更强。

体验预应力梁的强度
站在体验模型上，黑色的螺丝拧紧的话就变强，松开的话就变弱。

215

东京晴空塔
Tokyo Sky Tree

日本 东京都墨田区 /2011
建筑设计 / 工程设计　日建设计

　　东京晴空塔是以日本首都圈为对象放送电波的通信用电波塔，设计高度是610米，在世界自立性铁塔中排名第一。结构由钢架笼子组成的"外塔"和相当于中央内核的"内中塔"构成，脚部是高50米的三脚柱"鼎桁架"构成的面向公众开放的建筑空间。

　　塔的高度超群，因此采用了在大地震和台风时抑制晃动的制震系统——心柱制震。在中央内核设置直径8米的钢筋混凝土，增加系统的质量，这样125~375米高度的部分作为建筑的可活动部——与主塔部分相比震动要稍微迟缓一些。心柱可动部位还设置了具有抑制震动功能的油压减震器。

　　结构模型将亚克力板切割成网格表现塔体的轮廓，内部结构通过亚克力板的凹凸表现塔体的材质。心柱用透明的亚克力管制作而成，心柱可动处采用的控震油压减震器的位置以粉色的亚克力棒表示。

© 日建设计

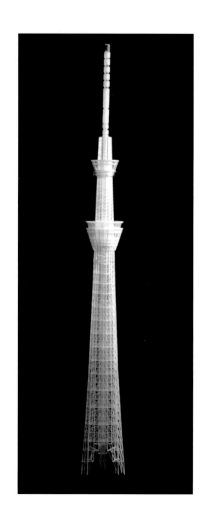

涩谷 Hikarie
Shibuya Hikarie

日本 东京都涩谷区 /2012
建筑设计 / 工程设计　日建设计

涩谷Hikarie是以涩谷站东口的旧东急文化会馆的基地为中心的地区再开发工程。它的介入将使周边街区价值提升，整个涩谷街区将被激活。建筑地上34层，地下4层，从上往下依次是办公、文化设施、商业设施，叠加了不同的用途。与一般的再开发大厦不同，这栋大厦非常重视文化性，中部有一个约2 000席的剧场。

由于剧场的需要，大厦设有巨大的通风中庭，高层与低层平面形状亦不相同，这些都是结构设计上的难题，因此架构整体的平衡是十分重要的。由于剧场最少需要四根梁上柱，剧场两侧配置了将整个建筑上下贯穿的一对"大黑柱"。对建筑和结构设计合理性的追求，促成了这个构成层次的超高层建筑的实现。

从剧场的休息厅可以一眼望尽涩谷的街道，西侧45米，北侧23米的L形平面，设置了高27米的大面积玻璃幕墙。这个支持架构非常重要，在大地震时层间变形角度很小，由剧场上部的桁架层吊挂，从而保证了建筑的稳定性。

上海环球金融中心
Shanghai World Financial Center

中国上海市 /2008
建筑设计　KPF + 入江三宅设计事务所
工程设计　Leslie E. Robertson Associates+ 结构计画研究所

1990年宣布改革开放以后，上海浦东地区就开始了一个全新的都市建设。从那以后就成为引领中国的浦东经济区。森大厦是与这个地区新的金融中心相对应的办公大厦建设计划。当初设计高度460米，1997年开工后不久，适逢亚洲金融危机，刚刚打完地桩的施工不得不中断。之后在国际金融机构的要求下，为了适应全新的空间，设计全部更新并于2003年重新开始施工。2008年10月落成，拥有办公、酒店、商业设施、展望台、会议设施等功能，地上101层，高492米，是当时世界上最高的超高层建筑。

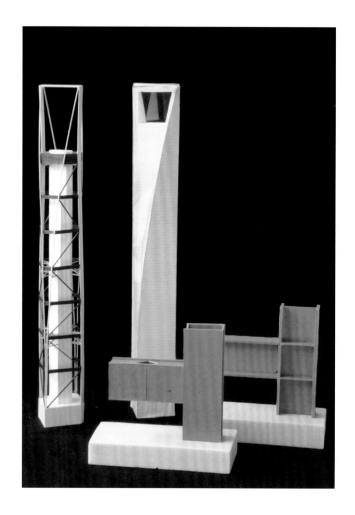

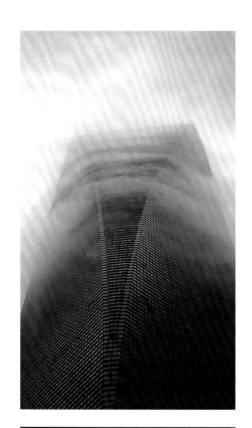

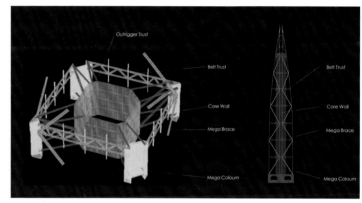

双层扁钢形成的结构
日本的钢结构一般使用的翼缘与腹板在中心正交h型钢（右模型），但是环球金融中心采用的是在两个厚板中间用一个薄板焊接的双层扁钢的方式（左模型），这是考虑到钢材的直行异方性，需要高度的钢材成形技术才能制造。

主动质量阻尼器
AMD（Active Mass Damper）
一旦感应到建筑在强风下的振动，位于90层的两个质量块就会主动活动，以此来平衡超高层建筑的摇晃。

2008 建筑结构创新工学展回顾
通向光明之希望的建筑展览会

五十岚太郎（东北大学准教授）

自从"虚假抗震"的问题以来，虽然知道结构设计这样的说法，但我对这个说法总有一种不好的印象。我误以为其目的只是简单的使数据清晰化。后来我才发现，结构设计真正的目的是追求更高、更大、更薄、设计的更多可能性，以及通过结构寄托人类的梦想。

那些感动我们的世界上的建筑，是各个时代的结构技术的结晶。日本建筑学会的会长斋藤公男先生努力实现的建筑创新工学展就是为了让更多的人知道"建筑设计（architecture）和工业技术（engineering）的融合能够产生如此丰富的空间"。展览的标题Archneering就是这两个词合成的新词汇。

从古罗马时代巨大的拱形结构的万神庙到2008年威尼斯国际建筑双年展的日本馆，如此丰富的建筑的模型伴随着朗朗上口的解说一同展示在我们面前。比如举世瞩目的北京奥运会的"鸟巢"，24根巨大的门式框架结构是如何错动地排列的；乍看之下如同装饰，实则追求结构合理的高迪教堂；使用切分球体曲面的悉尼歌剧院；恐怖主义袭击之前的结构优雅的世贸大楼……这些地标性建筑的精致结构，不论专业人士还是普通大众都能乐在其中。

建筑是重力的艺术。在这个展会上，或根据风和地震力，或根据几何学与技术，空间表现得妙趣横生。各个大学研究室制作的模型是本展最大的特色。事物之间如何组合，力又如何作用，这些都可以通过三维模型直观地理解。

中庭里漂浮的如同"针千本鱼"一样的装置和灵活运用剪刀结构的临时构筑，1:1的比例让人能切身体会特殊结构的空间体验。结构设计通向着光明的希望，耳边回荡着震撼的声音。

（每日新闻 2008.10.23）

住宅·家具的 AND
Arch-neering Design for Housing and Furniture

环顾四周，我们被许多产品包围着。

汽车，电器，衣服，体育用品，家具，日常用品

理性而又充满魅力。

它们中的大多数，在成为商品进行贩卖之前，

被投入巨大的精力开发制成原型，

确认过性能之后人们才开始购买，使用。

建筑（建设）相关的工程与设计，

因甲方的喜好以及地震、风、雪这些外部因素，

个性极强，需要针对性地设计。

从设计到生产的时间紧迫，

常常必须做出快速而准确的判断。

这就是建筑工程AND最大的特征。

AND的困难和有趣的地方就在于

就算规模很小，功能简单，也不会更加容易。

比如住宅，正因为与人的身体接近，

很多情况下反而需要更多的设计精力。

感性（魅力）与理性（合理）融合的

身边的AND，居住的AND，

值得我们关注。

不弯的桌子
Table

2005
建筑设计　石上纯也
工程设计　小西泰孝

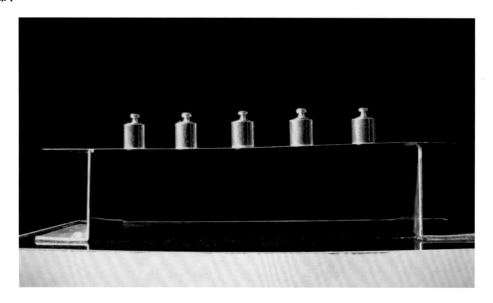

© 石上纯也建筑设计事务所

　　看上去会弯但却不弯，桌面仿佛漂浮在空中。面向艺术展制作的超大（9.5米长，2.6米宽，1.1米高）四脚桌，桌面只有6毫米厚。为了运输便利，桌板可以卷曲，就像大型纸张在搬运时会被卷成筒状，这种日常的感觉被忠实地设计和表达了出来。

　　由于固定荷载（桌板的自重 + 艺术作品的重量）所产生的弯矩，利用挠度曲线方程式算出曲率，预先给予桌板与之相当的逆弯曲，桌板只有当艺术作品放上去的时候才能保持水平。

　　虽然是家具，但与建筑设计一样，由建筑师和结构师紧密合作。从设计开始阶段加工厂商就一同参与，"怎样用纤细的材料制作出精良的家具"，这样一边讨论一边推进。整个过程同建筑设计一样。

　　模型同时制作出会弯的桌子和不弯的桌子，可以亲身感受它们的不同。

身心柱
Mind-body Colomn

日本 大阪府大阪市 / 2000
雕塑　安东尼・葛姆雷（Antony Gomuri）
工程设计　奥雅纳日本（Arup Japan）

　　安东尼・葛姆雷是一位以自己身体为起点的雕塑家，以"人类身体和自然的一体感和连续性"为主题。这件"身心柱"是以象征他自己的身体的20个钢制人形雕塑，上下背靠背连接组合而成。

　　脚踝宽度170毫米，轴心距265毫米，高15.24米，比例达到1:90的超细作品。材料为铁，重量约15吨，不做抗震处理的话在地震多发的日本是无法成立的。因此雕塑的基座下设置了滑动的支撑。

　　上下的交接采用了热嵌冷嵌的工艺。利用不同温度时铁的热胀冷缩，插口侧用冷却压缩，接口侧用高温膨胀，两者相互咬合。因为插口侧处在明显的位置，如果无法利用温差，则利用施加预应力来组装。

　　如果没有日本高水平的减震技术，这个艺术品恐怕无法完成。展示的模型是制作雕塑时的木模具和抗震模型。多少能工巧匠才使这木模具最终变成艺术品，这对抗震技术也是巨大的贡献。可以说这是非常典型的日本技术。

© Osamu Murai

© Arup

Inachus 桥

Inachus Bridge

日本 大分县别府市 /1994
建筑设计 / 工程设计　川口卫

© 明星大学立道研究室

　　大分县别府市南立石公园的Inachus桥的建造，是因为附近居民，特别是国立别府医院的病人们经常抱怨"公园明明就在眼前却无法到达"。因为是别府市的桥，因而使用了别府市的步道，同时使用了别府市的友好城市——山东省烟台市采掘的花岗岩（御影石），可以说是真正的石桥。

　　石板铺设时从两岸施加压力（预应力），使石材变成一个整体。透镜状的桥，上弦是整块石材，下弦是钢制的扁条，上弦和下弦用钢管斜材相接，使上弦与下弦的力平衡，桥端部产生的水平反作用力通过悬挂拱结构予以抵消。格子的间隔同时产生了独特的轻盈、富有节奏感的优美造型。

　　为了表现特别的设计性，制作了立体模型。一格一格的石材由预应力形成一个整体，制成可动式模型加以展示。

© 川口卫结构设计事务所

阿拉米略桥
Alamillo Bridge

西班牙 塞维利亚／1992
建筑设计／工程设计　圣地亚哥・卡拉特拉瓦
（**Santiago Calatrava**）

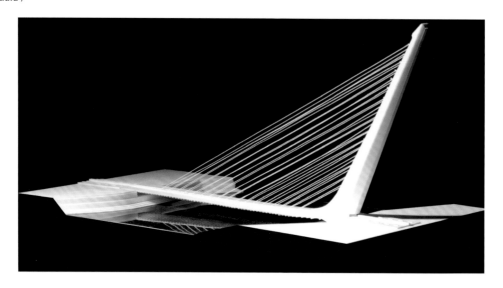

© 斋藤公男

阿拉米略桥是作为塞维利亚世博会场地入口建造的步行桥，结构形态夸张而特殊，是卡拉特拉瓦的首个项目。

世博会的会场坐落于塞维利亚市和卡玛斯市之间宽约一千米的岛上。起初规划的是岛的两侧各有一座相互对称的桥，并由高架桥相接，高架桥尽可能考虑到周围的景观而不要太过于突出，将两端的桥作为象征的支柱。但是因为很多原因最终只有一个桥实现。

一般的斜张拉桥，支柱是对称的，桥一侧桁架和另一侧锚固的钢索平衡。但是这里的支柱不是垂直的，倾斜的支柱依靠其自重和钢索的张力的合力同样可以平衡，桁架的重量基本上由支柱的轴力承受。因此，与同等跨度的桥相比，这座桥的基础较小。当然，针对活动荷载和水平力，悬臂柱的平衡系统是必要的，但这里卡拉特拉瓦是从造型出发来考虑的。

无论从正面和背面看，塞维利亚桥都给人留下雕塑般的结构体这样强烈的印象。

唐户桥
Karato Bridge

日本 山口县下关市 /2001
建筑设计 / 工程设计　加藤词史 + 斋藤公男

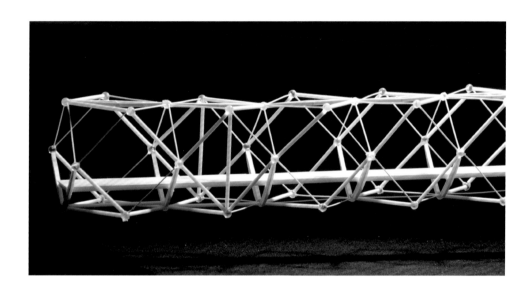

所谓向量平衡体（Vector Equilibrium），是富勒曾经提倡的以能量几何学为起点的"球的最密堆积"理论。围绕一个中心球体的周围最密填充球体，将这些球体的中心相接产生了六个正方形和八个三角形，所有边长相等，顶点到中心的距离也相同。也就是说，从中心放射出去的向量和周边收缩力的向量是平衡状态。这个状态与几何学界著名的阿基米德的立方八面体形状是相同的。

这个正八面体的桥的构想来自"想做成海里的泡沫一样的东西"。内部设置的通路空间，用铰接

是不能成立的，加入拉力索和支撑板的框架后才使其稳定。一个"泡"单元是4米，桥由11个这样的单元连接而成。虽然只是连接停车场和大卖场的区区44米的桥，但"张拉整体的多面体的聚集"的构成概念形成了令人振奋的三维感官空间。

© 斋藤公男

津田兽医诊所
Tsuda Veterinary Clinic

日本 大阪府枚方市 /2003
建筑设计　小嶋一浩
工程设计　佐藤淳

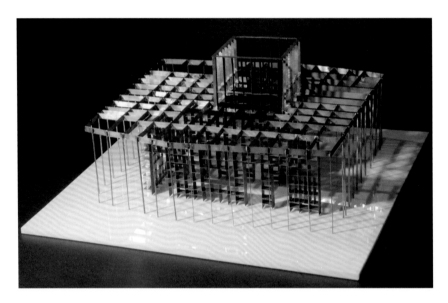

　　没有背板的铁框网格组成的墙壁显得十分柔弱，格子按不同方向固定使其相互作用抵消弯曲，从而发挥材料的强度。此外，结构上尽可能减少格子的数量，就像牙齿参差不齐一样，产生了不可思议的效果。

　　铁板的厚度是6毫米，墙壁格子的大小是400毫米，深度也是400毫米。书架背面虽然有木板和钢板，但都没有结构作用，可以去除。

　　单薄的列柱相互抵消弯曲加上做成格子的形状，使得强度进一步提高。这样抑制了弱轴的弯曲，地震力就能由强轴担负，但必须避免薄的材料发生横向弯曲。从这一点来看，弯曲长度必须加以控制才能具有足够的强度。

　　墙壁和屋顶的格子，时不时地去掉一些数量，从而产生节奏上的变化。这不仅与用途相关，更是根据"结构上尽可能减少无用的材料"这一方针最终确定的格子形式。

单元砖
Cell Brick

日本 东京都杉并区 /2004
建筑设计　山下保博
工程设计　佐藤淳

　　由薄钢板制成的箱子每隔1/3相互重叠，形成镂空的砖墙墙面。有背板的箱子可以作为抗震部件，与同样用钢板形成的津田兽医诊所的架子相比，其有效抗震的方向不同，结构系统似是而非。施工方法也比较有特点，采用小单位的堆积，让人感受到了薄铁板的可能性。

　　箱子宽900毫米，高450毫米，深300毫米。基本是用6毫米的钢板，背板用9毫米的钢板。虽说能支撑的重量是由纵板的弯曲决定的，但根据弯曲分析，一个箱子可以承受63吨力的强度，对于两层建筑来说强度足够。背板9毫米，起到抗震的作用。

　　施工是以四到六个箱子一组，在工厂事先焊接成一个单元，再在现场按顺序堆积。箱子单元的组成方法不一而足，现场就像俄罗斯方块游戏一样，解谜一般地堆积。根据不同的条件，一个箱子控制在可以人力运输的重量，一个一个在现场堆积，这种施工方法具有巨大的潜力。

布鲁基 2002 展览馆
Bruges 2002 Pavilion

比利时 布鲁基 /2002
建筑设计　伊东丰雄
工程设计　新谷真人

© Stefaan Ysenbrandt

　　布鲁基是中世纪遗留的街道。这个街区广场曾经是教会，地下掩埋着教会建筑的基础。展览馆是沿着遗迹而建的圆形水池，水池上架着像门一样的隧道，水面上的倒影让其产生了漂浮感。为了追求轻盈而使用铝作为材料。

　　带有表情的几何学图案和椭圆形的韵律，部分用了椭圆的夹心板，增强了蜂窝板结构的强度。当初决定只用蜂巢的形体，但由于铝材过于柔软不能自立，无论如何都需要增加强度。不但要在应力过大之处补充强度，还需要将力进行分解。增加强度的面板的位置根据门型框架结构承受竖向荷载时的弯矩分布而定，由挠曲弯矩为零的位置上下分为两种形式，沿着门型构架排列。椭圆的岛一个一个漂浮着，结构材料就是建筑表现。

　　用代替蜂巢的柔软轻薄的网格制作了整体模型，可以看出柔软的蜂巢和增加强度的组合方式。

威尼斯双年展日本馆
Venice Biennale Japanese Pavilion

意大利 威尼斯 / 2008
建筑设计　石上纯也
工程设计　佐藤淳

© 石上纯也建筑设计事务所

威尼斯双年展日本馆周边庭院温室的设计方案。各种各样的温室，既是建筑，同时组成了日本馆的美丽庭院。温室由非常纤细的柱子和非常薄的玻璃制成，与环境相对应的空间配置和柱子的数量各不相同。薄到极致的玻璃从梁上吊挂下来，垂直荷载由如同草木一样的纤细的柱子支撑着。虽然像肥皂泡的膜那样薄，但玻璃其实是参与抵抗水平力的构件。各种各样的布置和周围环境相吻合。在威尼斯无法生存的植物或无法绽放的花儿，都在温室中种植着。建筑塑造的空间和植物塑造的空间是等价的，一边调整着它们的平衡一边决定植物的密度。此外，温室之间的关联性在既存的景观之中创造了新的空间。塑造空间和塑造风景，两者之间的界线不断融解，丰富了建筑的可能性。

© 石上纯也建筑设计事务所

澄心寺僧居房
Chushinji Temple Priests' Quarters

日本 长野县上衣那郡箕轮町 /2009
建筑设计　宫本佳明
工程设计　陶器浩一

佛教寺院100年后会留下什么呢？

　　应该是象征性的大屋顶吧。屋顶下各种各样的加建重叠，平面根据时代的需要自由地改变，但是大屋顶却丝毫不受影响。

　　澄心寺寺院的法堂、客殿都能随意使用。客殿是在1830年创建，法堂是1752年。变化的东西（室内空间）和不变的东西（大屋顶），构成了澄心寺的宗教空间。

　　新计划的僧居房也是同样如此，希望用现代的技术延长建筑年限。最少也要做出能持续100年的屋顶。这不仅仅是经济上的意义，同样也是作为拜访澄心寺所有人记忆的容器的意义。钢筋混凝土建造的大屋顶可以说是宗教空间的基础设施。将下面的空间从积雪荷载解放出来，根据功能变化可以简单地加建改建，运用正交木条搭建的简易木框架构筑方式可以简单轻便地组合木造结构。

　　100年后，我们都已经不在这个世界上了，但是屋顶却依然安在。

日本大学理工学部休息厅
Rest Dome of Nihon Univ.

日本 千叶县船桥市 /1989
建筑设计 / 工程设计　若色峰郎 + 斋藤公男

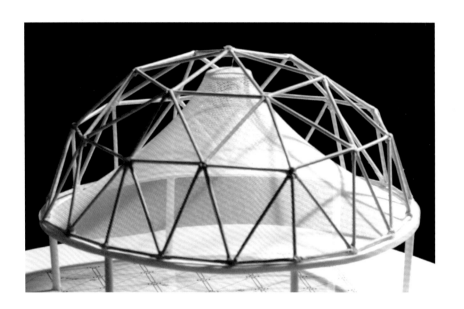

这是一个坐落在大学校园庭院一角的小规模多功能室外集会场。

设计者希望使用者能贴身感受到膜空间。这是将景观、功能、形态、形式与力量、材料、系统、细部、施工方法相互融合的整体的设计，是可以在其中体验和学习的休息厅。膜材由美国生产，桁架结构由德国发明，膜曲面的形状如同日本的富士山。虽然只是校园里的一个小亭子，却也充满了国际特色。

通常的做法是从中央支柱突出"喇叭状曲面"，而这个方案中是从单层桁架的穹顶悬挂。这并非是像肥皂泡那样的等张力曲面。竣工时膜的张力向顶部集中，多年之后再拉紧也非常容易。因为曲率很大，这种形态可以抵抗风的不对称荷载。积雪时，向顶点的力流会产生褶皱，但在雪消失之后也随之消失，膜面恢复原来的光滑平衡的曲面，这解决了立体曲面形状随应力产生变形的问题。整个曲面的膜就像在呼吸一样。

© 斋藤公男

左图，箭头顺序：
- 桁架系统的组合。
- 穹顶用起重机吊起。
- 穹顶用圆环拉住。
- 在地面把膜体展开。
- 膜体吊起来。
- 初期张力的导入。

上图： 雪覆盖的膜内表面。力向顶点
流动，产生褶皱。

半建筑 大阪城正门前
Halftecture Osaka

日本 大阪府大阪市 ／2005
建筑设计　远藤秀平
工程设计　清贞信一

　　"Gravitecture计划"是在大阪市中心的大阪城公园里为观光游客设置的三个小型公共设施。其中名为"半建筑 大阪城正门前"的是一个对公众开放的厕所，钢板的结构形式是以遮挡视线为目的设计的，外表的钢材以一种即物的状态呈现出铁锈的表情。

　　施工时用16毫米的水平钢板搭在25毫米的左右两道钢板墙上，因重力产生弯曲变形后，固定在这个状态焊接而成。支撑屋顶的是弯折的三脚架结构，不拘泥于以直线造型，在重力的作用下屋檐以弯曲的状态固定。和直线屋顶比较，屋顶大约弯了8厘米。

　　这个计划是对建筑基本形式的反问，将结构和空间形式与重力的关系具体化。不是去排除重力这种自然的要素，而是思考在建筑中接受它的可能性。三角锥状的弯曲墙面和因重力发生弯曲变形的屋顶，模型通过会变形的材料将随着重力变形的过程视觉化了。

© 远藤秀平

东京大学 弥生讲堂辅楼
Yayoi Auditorium Annex, The University of Tokyo

日本 东京都文京区 /2008
建筑设计　河野泰治
工程设计　稻山正弘

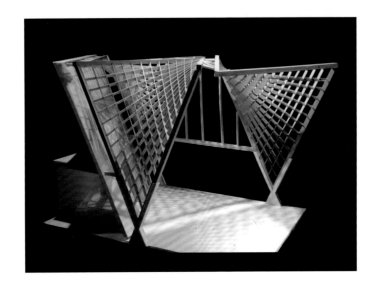

　　八个点落地的双曲抛物面薄壳（HP Shell）相互支撑的结构设计，是在讨论垂直荷载和水平力相互抵消的结构形式的过程中想到的。外墙面和屋顶面被像平面桁架那样用直线分成三角形，分割的直线设边梁与HP薄壳相互连接。接下来讨论如何能用木材简单地制作HP薄壳。最终选择的方法是，将四根LVL材料（单板层积材）的边梁，在筏板基础的操作平台上，固定对角的两点进行组合。在这之上，将结构用合板的板状网格，在正交方向上互相插接，再扭转安装在其中。网格的上下用托座增加应力强度,HP薄壳的网格的骨架就完成了。骨架的上下两个面上,切成不等边四边形的结构用合板，边缘扭转后沿着网格布置，并安上双重连接螺丝固定，HP薄壳的一个单元就完成了。按这个顺序，三个一组同时在现场进行组装，屋顶和室内完工之后将HP薄壳吊起来安装，最后工字钢的柱脚用金属件与薄壳的下部连接。

　　模型包括1:1（实体模型），1:2，1:10，1:20，1:50，1:100，1:200的比例制作的学习模型。特别是1:20的模型，空间和装修景象的营造以及结构的交接处，都是和设计成员讨论制作的。

救世军船上收容所

Louise-Catherine

法国 巴黎 /2008
建筑设计　远藤秀平 + ACYC 建筑工作室
工程设计　IOSIS Center Ouest

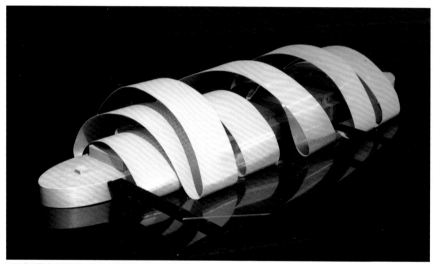

© 远藤秀平建筑研究所 / 神户大学 远藤研究室 / 祖川健 / Paul de Coudenhove / 司马麻美

救世军是1865年英国牧师卜威廉成立的社会福利事业团体。1929年救世军法国分部买入了一艘石炭运送船，计划用作塞纳河桥下无家可归的人过夜和吃饭的简易停泊设施。勒·柯布西耶接受委托给这个船内部做简易停泊设施改造。以"Asile flottant"（漂浮的避难休憩所）为名的计划，于1930年1月1日在卢浮宫对面的艺术桥附近开始。1950年和1980年又两次改建和加建。1994年，警察局以船体上存在安全隐患为由，下令Louise-Catherine号停止活动，尽管但调查结果显示没有发现任何问题，船体还是被封锁了起来。

近年，柯布西耶财团负责对船体进行重新休整。改造工程期间需要建设遮棚。遮棚以抽象形态与多样形态的融合为概念，内外连续形成一体化的结构。利用曲面的材料拉紧取得结构上的平衡，使这个水面上漂浮的单元得以成立。

模型以抽象而又多变的形态，表达了河岸、船以及内外连续的架构的关系。

© 远藤秀平

清里艺术画廊
Gallery in Kiyosato

日本 山梨县北杜市 /2005
建筑设计　冈田哲史
工程设计　陶器浩一

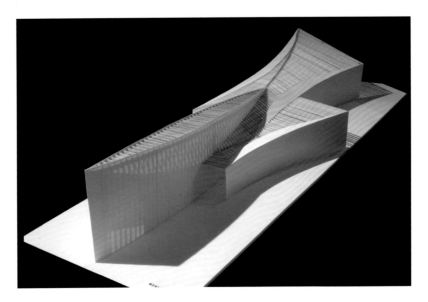

© 冈田哲史

清里艺术画廊位于山梨县与长野县的边境，八岳之一的南东麓的落叶松林当中，与树木垂直性相呼应。在结构胶合板组成的四个弓形箱结构体之间架设屋顶，从而获得内部空间。弓形结构体当中置入的是洗手间和厨房等次要空间，其他部分是主要的居住空间。

结构胶合板自身不具备平面外刚度，弓形结构形成的箱体如果不闭合会产生巨大的变形。箱体闭合形成刚度很强的结构体，其受力成弓形，相比于长方体和正方体这样的箱体结构，弓形更加不怕变形，具有难以破坏的特性。这个弯曲的箱体并列形成主要结构体，因此居住空间不需要柱、墙、梁。落叶松林的景色进入室内，形成与周围一体化的半室外空间。结构的重量也非常轻。

模型展示的是四个弓形结构体之上的入口画廊部分，通过再现框架和面材表现结构体自身的轻盈。弯曲箱体自由排列，根据布置可以形成各种各样的建筑空间。

铁屋

Iron House

日本 东京都世田谷区 /2007
建筑设计　椎名英三 + 梅泽良三
工程设计　梅泽良三

铁屋是超长期（200年）的实验住宅。使用耐候钢（不用上漆的稳定性钢铁）和工厂预制板（夹心板）在现场一体化焊接的船形硬壳结构住宅，因此住宅的内部没有柱、梁、抗震墙等结构构件，只有外壳。不论经过多长时间，使用住宅的人都能自由改变内部的空间。夹心板具备了柱、梁、抗震墙等结构的基本性能，以及防水性、隔热性、隔音性等建筑的基本性能。板相互焊接成为一体化结构，从而满足了超长期住宅的基本要求。

基于以上的思考，建筑设计沿着道路呈L形布置。L形的重心是名为"外屋"的中间庭院，包含地下一层和地上两层的三层建筑围着这个外屋展开，每个房间都设计了大的开口，满足采光、通风、换气和景观的需要。外屋的地板是大理石铺装，并有大的桌子和长椅，以及盆栽。天气好的时候，吃饭、读书、聊天、睡午觉等室内活动都可以搬出来。

© 椎名英三

藤幼儿园
Fuji Kindergarten

日本 东京都立川区 /2007
建筑设计　手塚贵晴＋手塚由比
工程设计　池田昌弘

© 手塚贵晴

　　幼儿园呈大椭圆形，外周长183米，内周长108米的，可以容纳560个小孩子。有三棵榉树（两棵高25米，一棵高15米）从建筑中穿过。

　　榉树的树冠和树根很宽。为了保留树，根的保护是必要的。树根超过了建筑的宽度，从中庭和椭圆的外侧伸出。为了减小建筑下部的重量，基础在平板上漂浮着。基础混凝土的碱性成分不能浸透到树根的周围，因此浇筑混凝土之前先铺上一层隔离层。柱子的布置以建筑的使用方便和树木的保护为优先随机配置。建筑没有几何中心，同样地，柱子的排列也没有中心或网格，可以在三个方向展开自由框架结构，柱子上下刚性连接。为了避免搭建初期造成力矩，完成屋顶之后才进行柱顶的焊接。

　　孩子们在屋顶上可以尽情追逐打闹。无论身在何处都能眺望整个校园，宽广的空间可以看到每一个小孩子。

一又二分之一的风景

View, Restaurant that Projects from Cliff

日本 高知县安芸郡芸西村 /2006
建筑设计　河江正雄建筑设计事务所
工程设计　徐光，照井健二，照井清直

这个建筑在高知机场以东约10公里的太平洋沿岸，是高知县地区的餐厅和精品店并置的复合型餐厅"一又二分之一"的新分店。基地在离海岸约30米高的悬崖上，建筑是短边4.5米，长边27米，高7.5米的箱型体量，面向海面有9米的悬挑。

全部的立面是由桁架构成的混凝土躯体，承受拉力的斜材里置入了预应力，从而减小材料的截面，内部得以获得最大程度的景色。此外，置入预应力可以防止出现裂纹，与沿海岸悬崖这样严峻的

场地条件相对应，躯体的耐久性要求也更高。建筑躯体如同重约200吨的鸟笼，在基地上以混凝土浇筑而成。悬挑部位的玻璃的施工完毕之后，采用在基础上向海面滑动9米的施工方法才得以在悬崖上悬挑，最终实现了这个与海一体的建筑。

为了表现出简单明快且合理的结构所产生的设计与自然融为一体交相辉映的景象，模型制作将建筑与环境一同表现。

波尔多住宅
House at Bordeaux

法国 波尔多 /1998
建筑设计　雷姆·库哈斯（Rem Koolhaas）
工程设计　塞西尔·巴尔蒙德（Cecil Balmond, Arup）

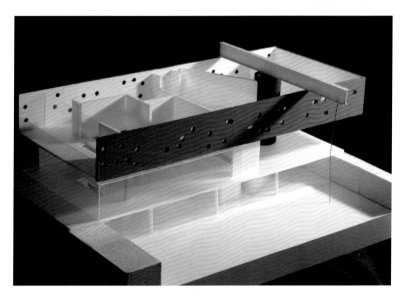

波尔多住宅的业主在寻找新的住宅的时候，不幸遭遇了交通事故，之后不得不背负着身体上的残疾，过着轮椅上的生活。但出乎意料的是在建造住宅的时候，他对建筑师雷姆·库哈斯提出的要求是"不要做太简单的家，而是要复杂的家"。为了满足这个要求，同时由于业主所购基地位于能够俯瞰整个街道的山丘，建筑师提出"最上层的体块看上去如同飞翔，建筑三层拥有三个不同的性格"。库哈斯与结构工程师巴尔蒙德交流的结果是不想让

人读出力的流动，而是让这个巨大的体块如同飞翔着，其下方几乎所有的结构体都不露出来，完全是玻璃的空间。

制作了三个模型：结构和其他部分分开表现让结构易于理解，以及结构师的结构概念模型。

熊本站西口站前广场
Kumamoto Station West Exit Square

日本 熊本县熊本市 / 2011
建筑设计　佐藤光彦
工程设计　小西泰孝

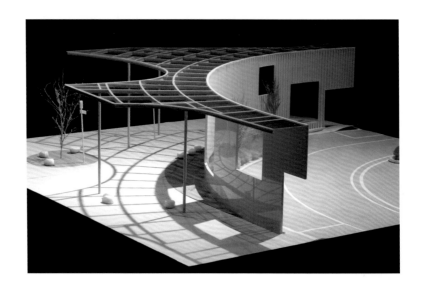

随着九州新干线开始运营，熊本站周边也进行了大规模的开发和调整计划。西口站前广场作为"熊本artpolis"项目的一部分，在2008年举行了公开竞赛，2011年建成。（东口也举行了竞赛，西泽立卫的方案获选。）原来的熊本站西侧是连出口都没有的住宅地。站前广场设计的目标是将巨大的车站和街道舒缓地衔接起来，形成新的城市空间，调和将来周围可能会出现的杂乱景色。人行道和车道中间插入一个隔墙，把上下出口和景色分开，墙上设置了开口。从车站走到公交或出租搭乘处的路上有连续的覆盖。标志、周边介绍图、钟、照明等车站广场必要的功能，被集成在这片隔墙上。包围着中间的圆形地带（rotary）的隔墙，是通过钢板和压型钢板组合而成的100毫米厚的薄墙，承担了全部的水平力。屋顶采用工字钢井格梁构成，由细柱承担竖向力。平衡性良好的轻薄构筑物轻快地覆盖在广场上，将人和车的区域柔和地分开，开洞的隔墙和镂空顶屋限定出的空间就像半室外的公园，创造出新的站前公共空间。

树屋幼儿园
Ring Around a Tree

日本 东京都立川市 / 2011
建筑设计　手塚贵晴 + 手塚由比
工程设计　大野博史

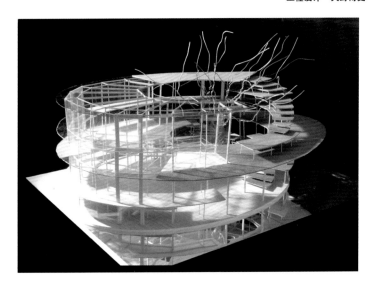

　　富士幼儿园的加建项目，功能是英语会话教室和巴士等候区。受从根部就弯弯曲曲的高大榉树的限制，建筑围绕榉树布置。

　　高度五米的建筑中置入七个楼板，这是从业主"最好是没有家具的教室"的希望开始的。高度还不满60厘米的间隙里挤满了儿童。平面是变形的椭圆，是根据倾斜的树木树梢的影子描绘的形状。建筑一半是室外，突出的树枝就这么伸向建筑将其覆盖，融合形成一个整体。

　　结构薄而细。地板是加肋的9毫米钢板。柱子基本上都是3厘米的方柱，是家具的尺度，这个尺度使得结构比树枝还要小。柱子和梁每一处截面都不同，是因为在必要的地方设置了必要强度的断面。虽然不是刻意模仿自然，但结果却和自然的造型十分相似。建地基之前进行了调查，确定在没有树根的地方打桩。地基的混凝土板是在这些桩子上的，所以建筑的重量不会传到树根。

长冈市儿童福利站「**Teku Teku**」
Nagaoka City Child-Rearing Support Facility "Teku-Teku"

日本 新泻县长冈市 / 2009
建筑设计　山下秀之 + 木村博幸
工程设计　江尻宪泰

　　这个作品2010年获得了日本建筑师协会奖。项目开始于2004年10月的中越地震之后两年，复兴进行到高潮的时候在整个公园中填土，使得建筑、公园和堤坝成为一体。从400坪的建筑和2万平米的公园以及约1.2公里的信浓川河堤樱花步道开始，到游艺设施、标识等设计，都紧密相连。圆圈、三角、方块的符号化建筑平面来自于孩子的"我住在圆圈，妈妈住在三角"的这种认识。公园的"圆形造园单元"有适合从儿童到大人的各种活动。游步道把大尺度的土地和公园、建筑连接起来。结构系统虽然是平屋顶，也分成了桁架和框架两个部分。水平长窗的高度是第一部分，在外周布置了同时承

担竖向力和水平力的正三角形桁架。水泥压力板的高度和屋顶是第二部分，为能承受2.5米积雪的框架结构。这两部共同作用，形成了框架斜撑结构。为了和桁架结构的刚性配合，采用了框架斜撑结构。为了应对2.5米积雪荷载的竖向力和地震力的严峻条件，桁架杆件的直径大了两圈。

　　这个建筑一年里就有20万的使用者，成为无数市内的NPO（非营利性组织）儿童福利网络的集结点。络绎不绝的参观者（特别是政府人员）前来参观学习，最远的甚至从冲绳赶来。本设施受到了市民的欢迎，是政府、学校、市民三者协作的结果。

小学一年级到六年级的15名小学生们都在尝试做做看！"小狗圈圈""披萨圈圈""乐高之家圈圈"等等，大家提出了各种各样有趣的圈圈，还做了模型。

© 山下真理子

外保温混凝土砌块

Concrete Block Masonry with External Thermal Insulation

日本 北海道札幌市 / 1988
建筑设计　圆山彬雄
工程设计　海老名结构研究室

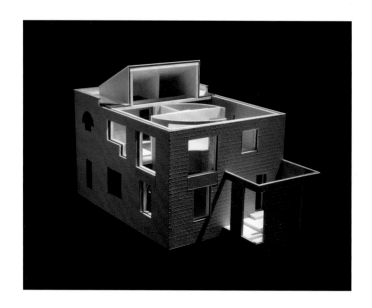

　　北海道地区从1953年就开始推行最适合积雪寒冷地带的混凝土砌块住宅，虽然在1967年之后木造住宅开始成为主流，但在1970年又开始推崇能源消耗小、保护环境的外保温双层混凝土砌块住宅。双层砌筑法是指在混凝土砌块外面加上保温材料，为了保护保温材料再在外面砌一层混凝土砌块墙。

　　即使是在冬天低于零下15度，夏天接近30度的北海道，也做到了一年中室内温度恒定、保护结构不受外部寒气破坏、室内不结露、日照蓄热、低温暖房、夜间通风成为冷房等技术目标。这种外保温双层砌筑法更加环保，也蕴藏了新的可能性。

浓汤娃娃工作室

日本 大阪府箕面市 / 2009
建筑设计　前田圭介
工程设计　小西泰孝

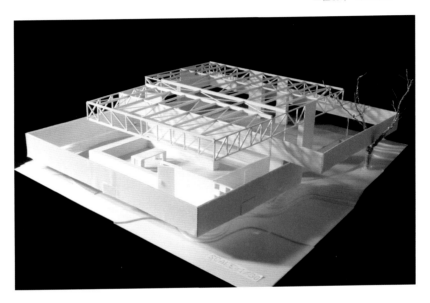

工坊除了制作人偶也兼做展厅，基地被住宅包围，希望在保持一定私密度的同时形成开放的工坊。为了保证私密度，并没有采用墙壁将基地红线围起来，建筑完全朝向内部的形式；有没有别的形式，将人与人之间的交流范围尽可能扩大呢？具体想要的是，互相作用保持平衡的同时，两重三重垂直层叠的"漂浮带"产生的空间多样性，以及室内室外边界模糊的空间。主体结构是钢结构，结构要素明确分为三个部分：漂浮带（钢夹板）、轻快的屋顶结构（平行桁架结构）、利用书架做承重墙（钢板墙壁）。三个部分的结构要素承担了力学上不同的作用力，物理上能互相影响。书架中间穿入了"漂浮带"，书架顶部贯穿屋顶结构，也就是说"漂浮带"与屋顶互换了位置，表现出建筑空间边界的暧昧和建筑领域的不确定，在结构上也表现为没有边界的物理上的混合，同时各部分的钢铁构架的细部不影响三部分结构要素本来起的力学作用。

MOOM 临时展馆
MOOM Tensegritic membrane structure

日本 千叶县野田市 / 2011
建筑设计 / 工程设计 东京理科大学小嶋一浩研究室 +
佐藤淳结构设计事务所 + 太阳工业

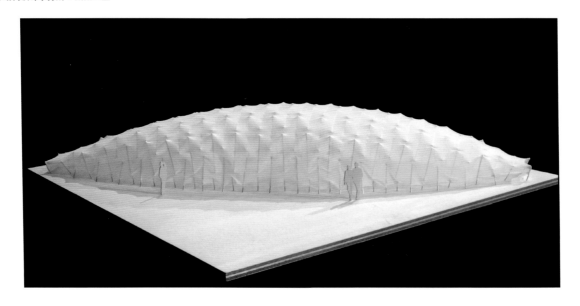

　　膜张力平衡结构的受压杆件互相不接触，不是靠杆件将膜支起，而是将膜附在杆件上，这点与以往的张拉整体结构不同。这个结构是东京理科大学的研究生们想出来的。椭圆形的膜贴在杆件上，在整体上施加弯矩之后，杆件就将膜支起来了。这种类似折板结构的形状，具有较深的结构断面，能产生像拱一样抵抗压弯的强度。这种膜结构看起来计算十分复杂，但结构师的结构计算只在半张A4纸上就完成了。根据模型读出这个形状中最为关键的部分，用简化的模型进行思考，通过简单的计算就能知道整个形状能不能成立。全长26米的建筑十分轻盈，40人就能抬起。施工现场中，在膜上缝有的口袋中插入铝杆件，大家一起抬起膜边缘露出头的那些杆件，缩小跨度内部逐渐浮起来，到一定程度时把中央部分顶上去，就出现了拱的形状。拱的垂直方向需要很大的拉力，靠几个人齐心合力才把拱拉起来。把杆件撤掉和膜捆在一起，几个小时就能重新搭这个建筑，目前正被考虑当作临时建筑应用。

大家的森林 岐阜媒体中心

日本 岐阜县岐阜市 /2014
建筑设计　伊东丰雄
工程设计　奥雅纳日本（**Arup Japan**）

岐阜市中心计划以图书馆为中心建造一所综合文化设施。约80×90米的大型平面由两层重叠构成，一层是多功能厅和展示画廊、市民活动中心、餐厅、玻璃围合的可视型开架书库，二层是宽阔而连续的开架阅览空间。

波浪状的木造壳体屋顶，创造出与周围环境相协调的外观，同时，形成了展览空间的动态变化。壳体屋顶由建造住宅时经常使用的小尺度木材堆积编织而成。

与屋顶的起伏相对应，隆起的部分悬挂了11个"棒球手套"，有直径8米、10米、12米、14米四个种类，形似反转的漏斗，可以让风穿过。上部的天窗可以让光线柔和地扩散到室内。

"棒球手套"的置入可以引导自然能源的合理使用，同时地板辐射冷暖房充分利用了丰富的地下水资源。通过两者的结合，目标是创造新时代的节能环保型公共设施。项目目前正在紧张的施工中。

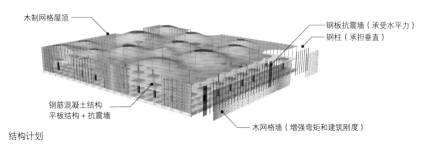

木制网格屋顶

钢板抗震墙（承受水平力）

钢柱（承担垂直）

钢筋混凝土结构
平板结构＋抗震墙

木网格墙（增强弯矩和建筑刚度）

结构计划

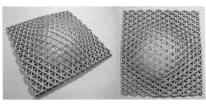

木制网格屋顶的图示

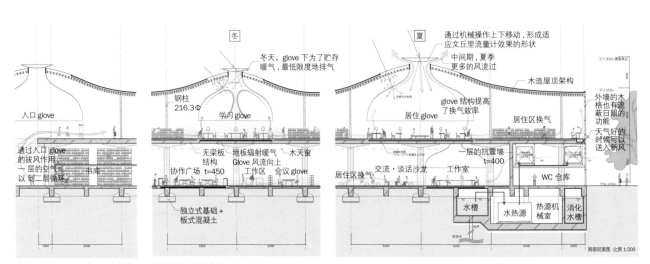

冬

夏

通过机械操作上下移动，形成适
应文丘里流量计效果的形状

中间期，夏季
更多的风流过

冬天，glove 下为了贮存
暖气，最低限度地排气

木造屋顶架构

入口 glove

钢柱
216.3Φ

学习 glove

居住 glove

glove 结构提高
了换气效率

居住区换气

外墙的木
格也有遮
蔽日照的
功能

天气好的
时候可以
以送入新风

通过入口 glove
的拔风作用
一层的空气
以到二层循环

无梁板
结构

协作广场 t=450

地板辐射暖气
Glove 风流向上
工作区　会议 glove

木天窗

居住区换气

交流·谈话沙龙

工作室

一层的抗震墙
t=400

WC 仓库

独立式基础＋
板式混凝土

水槽

水热源

热源机
械室

消化
水槽

局部剖面图　比例 1:200

环境计划　最大化地活用自然能源，建筑能源消耗减少 1/2

群峰之森

日本 大阪府狭山市 /2013
建筑设计　前田圭介
工程设计　小西泰孝

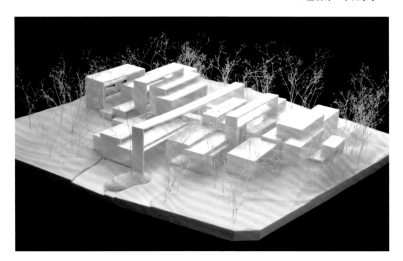

　　位于大阪府狭山的一个小山丘上的住宅。从基地周边的自然环境相互作用出发，建筑师提出了"边界的关系性"的概念。在自然环境中，并非通过墙/屋顶这样的要素包裹创造空间，而是像云遮住阳光或者月光一样，用覆盖创造出领域。也就是说，若按照自然法则进行创造，建筑可以没有边界，与环境融合为一个整体。通过像云一样的重叠与交织，将作为居所的领域显现出来。这种覆盖通过屋檐的组合，遮蔽夏季的直射光，微妙地调整光的效果，风的起伏，大气的状态，自然演奏的声音和气味，身体的距离感等等。根据四季的不同，多

彩的构成要素形成各种各样的空间领域。从自然的关系性出发将边界解放的建筑，既能形成小型聚落一样的尺度，又能形成山峦一样的尺度。建筑的轮廓不断变化，渗入风景之中。

　　通过单一方向的门型框架结构的立体堆积，形成强度和刚度都很高的结构。在通常的框架结构中，梁比柱子的截面大。在这里，在框架交接之处将正交方向的梁延长成为悬臂梁，将梁长期承受的荷载分散，从而缩小结构上的跨度。垂直荷载和水平荷载区别对待，增强抵抗性能，使梁与柱的截面统一成为可能。

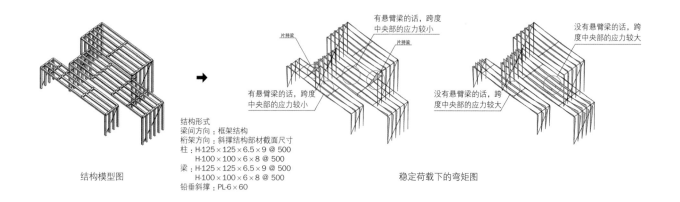

结构形式
梁间方向：框架结构
桁架方向：斜撑结构部材截面尺寸
柱：H-125×125×6.5×9 @ 500
　　H-100×100×6×8 @ 500
梁：H-125×125×6.5×9 @ 500
　　H-100×100×6×8 @ 500
铅垂斜撑：PL-6×60

结构模型图

稳定荷载下的弯矩图

片持梁

有悬臂梁的话，跨度
中央部的应力较小

有悬臂梁的话，跨度
中央部的应力较小

片持梁

没有悬臂梁的话，跨
度中央部的应力较大

没有悬臂梁的话，跨
度中央部的应力较大

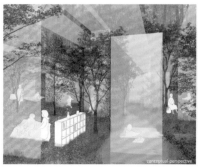

S 屋
S house

日本 埼玉县埼玉市 /2013
建筑设计　柄沢祐辅
工程设计　阿兰·巴顿

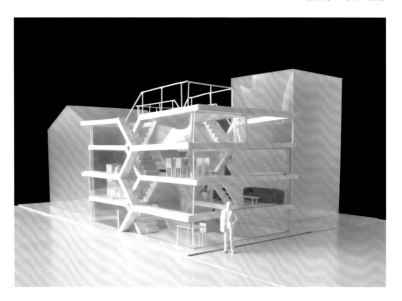

　　100坪的基地上建造的狭小住宅，约50平方米的楼板两层搭接，如同悬浮在空中。每层平面被分割成四块。四块分割的地板中，对角线两块向上抬，剩下的两块在半层高的位置围上一圈屋檐，与向上抬的地面连续交错，创造出复杂的网络型空间。地板上抬的部分用倾斜的墙壁相连，再与上一层相连。连续的地板不断分支，同时外部的屋檐相互错动缠绕构成立面。不光是立面，内部空间也贯彻了这个错动的构成原理。地板一边相互缠绕一边错动，中心处创造了可以眺望对面空间的拱形空间。透过这个拱形结构，对面的空间在视觉上产生了一种奇妙的连续效果，但是要真正到达对面，必须在错综复杂的层楼间进行立体的移动。

　　视觉上看上去非常近的空间，在建筑的流线上却设计了很长的移动距离，使通常建筑中的距离感和立体纵深的知觉体验被打乱，就像在网络等信息空间中一样，产生了有着各种各样距离的错综的建筑空间。

上图：建造现场。外层是综合了结构、设备、细部等特别定制的结构体，由箱梁构成。为了让这个部分拥有较大的水平刚度，四周用直径44.6毫米的柱子支撑荷载。

左图：CG渲染图。

G

都市・环境的 AND
Urban and Environmental

单体建筑是个人的私有财产，
也是物理上、文化上的社会财产。
从创造住宅到创造城市是量的积累，
跟都市和环境也密切相关。

从宏观的视角尝试建构城市设计，
可以追溯到古代文明国家，
在伟大的构想下实现城市的特性，
许多故事流芳百世。

从曾经的江户和京都开始，
日本有着与自然共生、享誉世界的美丽城市。
明治、大政、昭和，然后迈向21世纪，
这当中可以看到很多人的挑战，描绘着未来都市的景象，
比如1960年的东京计划。
那么今天，
新的都市景象要如何去描绘呢？

2008年，日本建筑学会在广岛大会上揭幕的主题是
地球=巨大的家。
相对于50年前富勒提出的"宇宙船地球号"，
建筑结构创新工学正在探索的
是现实的都市与环境。

东京计划 1960
A Plan for Tokyo 1960

日本 东京都 /1960
规划　丹下健三 + 东京大学丹下研究室

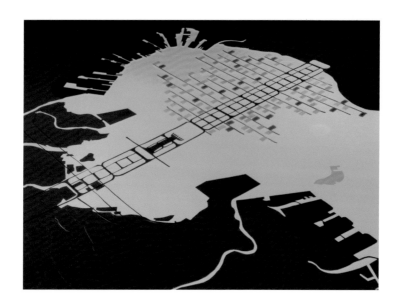

　　与战后的急速发展相对，东京这个 1 000 万人口的都市存在各种各样的问题。对此建筑师提出了一个新的都市系统计划——在东京湾上做一个巨大的人工都市。

　　这个计划否定了向心型都市系统的城市中心这个概念，设计了连接东京市与千叶市的都市轴线，线性集约了城市的中枢功能。这个城市轴线在输送大量人群的同时，置入环形交通系统等独立概念。都市、交通、建筑以有机统一的形式结合。沿着都市轴线两侧是平行延伸的交通系统，这些支脉上配置了大量坡屋顶的住宅楼，并设想未来有五百万人在这个海上都市生活。

　　与传统的向心放射型都市的发展轨迹相反，这里提出了线性可扩展的创新都市结构。当时在丹下研究室的青年才俊们，比如矶崎新和黑川纪章参加了这个计划，引起了极大的反响。作为战后东京的城市计划代表的新陈代谢派，在半个世纪之后的今天依然影响深远。

马德里 Gavia 公园（水的净化）
Gavia Park

西班牙 马德里 /2003
建筑设计 伊东丰雄

这是马德里市Vallecas 地区的的一个面积39万平方米的公园设计，附属于某大型住宅开发项目。公园试图通过自然力净化本地污水处理厂的处理水。设计通过水的自然净化，种植丰富的树林，孕育生物的多样性，以及能源的再利用和废弃物的处理，减小环境的负荷，创造了名为"景观基础设施"的新型公共空间主题。

概念叫作"水之树"（Water tree）。水之树是具有水净化系统的地形的组合，两种类型的水之树，在平面和立面上分别由不同的山脊和山谷的水的流动形成。地表的浸透水沿着山脊山谷之间的斜面汇聚，利用太阳、植物、土壤这些自然的力量进行杀菌、分解、过滤等一系列的作用，水得以净化。公园里净化的水，不仅用于公园和周边住宅区的绿化，也有利于此处的Gavia河流的再生。利用既存的台地高差做出各种各样的地形，并在其上建设多样的生物小区（biotope）。

这个项目是欧盟推行的" 生态山谷"（EcoValley）——建设优异的自主性都市环境的项目的一环，并且被看作是该项目的先锋。

© 伊东丰雄建筑设计事务所

东京 2050
Tokyo 2050

规划　尾岛俊雄 + 早稻田大学尾岛研究室

© 尾岛俊雄

东京2050是以恢复首都圈安全生活环境为目的的都市计划。高层化、高密度化的东京都市，正在经历着世界上独一无二的热岛效应，以及随之而来的"尘埃顶"的发生。

这个计划，通过1 000米的超高层建筑和江河的再生，追求都市的集约化和自然的回归，用"风道"将人类发展的都市切断。城市被切分的同时，在地下70米深的地方用隧道相连，地表部分保留了现存的城市并种植高大的树木，给城市覆盖一层绿色的顶。东京2050中城市功能发展的同时恢复绿色生活，这是东京未来都市的形态。

东京 2050 · 纤维城市
Fiber City/Tokyo 2050

日本 东京都 /2006
规划　大野秀敏 + 东京大学大野研究室

以收缩为前提的2050年东京的景象。如果按照日本全国人口3/4的减少趋势，东京将迎来一个收缩的时代。"纤维城市"就是以此为基础的未来景象。收缩既是高龄化和少子化的结果，也以环境问题的解决策略，都市灾害的对应准备作为课题。规划从市区开始成线性布置，最小限度进行介入（都市开发）。这里的计划与其说是创造，不如说是编辑。"纤维城市"是与现代主义相对抗的思想的提案。

东京的"纤维城市"由四个策略构成："绿之指"（Green Finger）是针对人口减少而制定的郊区再组织战略，依靠郊外铁路的网格化形成集约的城市群；"绿之隔"（Green Patrition）是用绿色的防火墙分割密集的木结构市区，改善城市的防灾性和环境性；"绿之网"（Green Web）是在首都高速公路的中央环线内侧设的绿道，在灾害发生时作为紧急救援道路，同时构成地区的能源系统；"都市之褶"（Urban Wrinkle）是保留风景优美、历史悠久的名胜古迹的战略。

© 大野秀敏

Across 福冈

Across Fukuoka

日本 福冈县福冈市 /1995
建筑设计　日本设计 + 竹中工务店 + 埃米利奥·安巴斯
（**Emilio Ambasz**）/ **工程设计　日本设计 + 竹中工务店**

　　这个建筑以优秀的都市环境为目标，试图改善市区的绿化环境，减少能源消耗。北面面向道路一侧与周边的办公楼景观保持一致，南面的外部空间成阶梯状，栽种植物吸收外部热量，形成退台花园，并与相邻的公园一同形成视觉整体感。

　　结构形式是以一般的框架结构为基础，内部是从地下层开始到14层的大型中庭空间，与外部连续，形成一体化的空间。

　　由阶梯状的框架结构组成的退台花园，使用人工土壤实现屋顶绿化，保温与保湿性能优异，可以利用植物的蒸腾作用带来冷却效果，抑制周边表面温度的上升。随着时间的流逝，建筑将形成新的环境，提供人工的自然环境。夏天建筑周边的地表温度在退台花园朝向的南侧达到最低，由于植物的冷却作用，冷空气从南侧传向下部。

　　框架结构的纯粹性，实现了内部的中庭空间与退台花园的一体化，同时又构成充满变化的内外空间。

● Across 福冈的构成

建筑位于福冈市中心，是在原市政厅的位置上建设的综合公共设施。北侧的道路对面是超过10层的办公建筑，建筑的北立面呈现出与之相同的景观；南面从一层开始到最顶层慢慢退台，全部沐浴在阳光下。从道路一侧的主要入口会进入难以想象的大型中庭空间。

在外观是退台式的框架结构中，做出了九层的中庭空间，内与外构成了如同"图与地"的环境。正是由于采用了框架结构这样均质的架构，才能做出这么自由的内部空间。而且，中庭深入地下，与地铁入口相连，形成地下的节点。

●以时间为名的环境

南侧退台的屋顶部分形成了庭园，名为"阶梯花园"。与这个退台花园一起，基地一半的土地变成了地下停车场，地上的部分形成了广阔的公共绿地。

建造完工时，屋顶庭园的绿化只有星星点点。现在，从地面层抬头上望，退台部分的层都无法分辨，树长得如此之茂盛，将建筑南面全部覆盖，十几年的时间让建筑形成了新的环境。

●环境形成的退台花园

夏季，混凝土部分与植被部分有20度以上的温度差，与建筑其他三面的温度相比，退台花园所在的南面气温最低。这是由于植物将空气冷却之后缓缓下降的效果，凭借屋顶的植被和人工土壤优异的保湿保温性能，降低了空调的负荷。由于植物的蒸腾作用汽化冷却，抑制了周边表面温度的上升，减少了导致热岛效应的太阳热外墙辐射，带来冷却地表的效果。退台花园种植了应季树种，塑造了与季节相对应的热环境。

左图，从上至下：
• 2008年。
• 栽种计划。
• 屋顶剖面图；内部的中庭。

伦敦市政厅
City Hall London

英国 伦敦 /2002
建筑设计　诺曼·福斯特（Norman Foster）
工程设计　奥雅纳公司（Ove Arup）

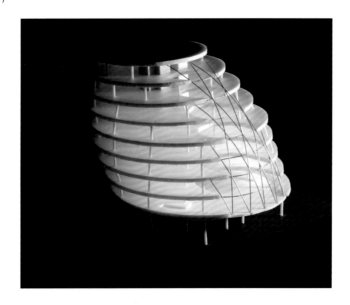

　　坐落在伦敦泰晤士河南岸的GLA大楼（统称市政厅）建筑形态特别，是由建筑物内部能源消耗削减75%而决定的，旨在以环境能源问题为重点策略，成为伦敦的新象征。

　　GLA大楼追求意匠、结构、环境设备计划均的合理且高度一体化，即使在诺曼·福斯特的作品中，也是十分特殊的形态。基本概念是以象征性的形态将建筑优异的环境性能具象化。建筑的表面积与相同容积的立方体相比较少，即能减少热损失。

以此为基础，根据日照角度的不同，考虑日照性能确定了非对称倾斜的形态，建筑也得以摆脱了方盒子状的主流办公楼形态。

　　立面是建筑设计和环境设计一体化的体现。玻璃立面的透明感表达了对市民开放的积极意向。

左图：施工中以及竣工后的GLA大楼。倾斜部的结构由钢管倾斜柱支撑，所有的柱子都会随着各层楼板角度发生变化，但层与层之间的柱子保证是直的。这种特异形态的实现，与建筑师、环境设备、结构工程之间从最初就开始合作密不可分。

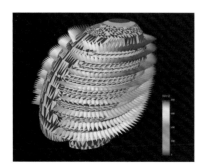 

左图，从左至右：
•日光解析。建筑表面的日照负荷，根据3D模拟的预测进行的设计。图示为最初阶段的建筑形态所对应的日照负荷。
•从最上层"伦敦客厅"的会场空间向下看。游客被引导至充满自然光的螺旋楼梯中。螺旋坡道由三点支撑，为了抵抗步行时震动，混凝土楼板与角钢梁之间插入了制动片。

关西国际机场旅客航站楼
Kansai International Airport, Terminal Building

日本 大阪府泉佐野市 ∕1994
建筑设计　伦佐 · 皮亚诺（Renzo Piano）+ 冈部宪明 +
日建设计 + 巴黎机场集团 + 日本机场顾问
工程设计　彼得 · 莱斯（Perter Rice 奥雅纳）+ 日建设计

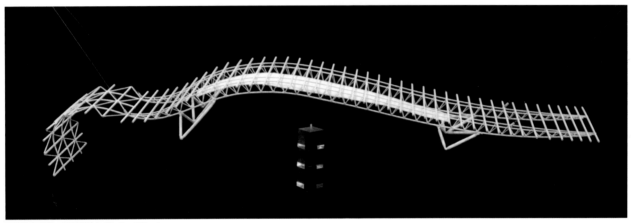

© 绢卷丰 提供 = 冈部宪明 Architecture Network

© 细川和昭

关西国际机场旅客航站楼以方位性和穿透性为主题，追求没有遮蔽的连续的建筑空间。

建筑由中央的主要航站楼（MTB）和延伸1.7公里的候机室翼部组成。MTB龙骨一般的流动的屋顶形态，支撑了跨度82.8米的超大空间。该结构的形态并非由结构系统，而是由空调系统（Open Airductor）的曲线决定的，形成了从MTB到翼部，视线上没有任何遮挡的透明、连续的内部空间。光滑的空间同样反映在建筑的外观上。从MTB向两翼缓缓下降的建筑轮廓是管制塔限制允许的最大高度与角度。半径16.4公里，由同一断面以环形路径放样形成。

模型表现了实现MTB大跨度的三维桁架的组合形式，同时表现了Open Airductor系统。展示流动形态的衍生原理的同时，将结构系统视觉化。

东京工业大学绿丘 1 号馆改造
Tokyo Institute of Technology Midorigaoka-1st Building Retrofit

日本 东京都目黑区 /2004
建筑设计　东工大安田幸一研究室 + 竹内撤研究室
工程设计　东工大设施运营部 + 株式会社 RIA + 株式会社 PAC

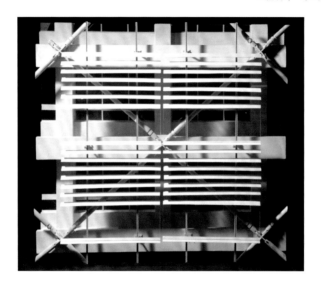

此项目是对1967年建成的大学校舍的抗震补强改建工程。40年前建造的现存建筑不符合现代抗震要求，改建工程在不影响使用的前提下，进行含有抗震斜撑的半双层立面（half double skin facade）的改造。通过结构、造形、环境三个方面，达到提高抗震性能、降低每年的环境负荷和外观的设计翻新三个目标。

为了提高抗震性能，建筑的南北立面配置了吸收能量的斜撑（抗震用弹性支撑），减轻因地震产生的震动。相比过去同等强度的斜撑，在弹性极限内减少其材料厚度，使能对抗六级地震的主结构更加轻巧纤细。

为了减轻环境负荷，采用了与斜撑一体化的半开放型双层立面。百叶窗与玻璃组合，夏季利用百叶窗的日照遮蔽效果，降低空调的需求，春秋季内窗开放自然换气调整温度，冬季玻璃接收日照，通过双层表皮之间的热辐射形成外围区域加温系统。

模型展示了外墙面的改建细部，便于理解半双层表皮立面的效果。

© 石黑守

让—马里・吉巴乌文化中心
Jean-Marie Tjibaou Culture Center

新喀里多尼亚 努美亚 /1998
建筑设计　伦佐・皮亚诺〔Renzo Piano〕
工程设计　奥雅纳〔Arup〕

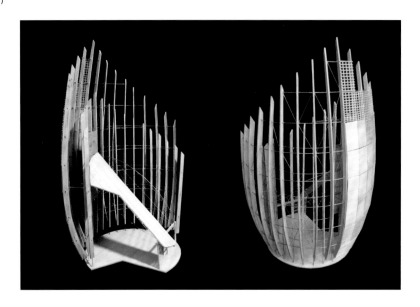

© Jokigen

　　这个建筑位于新喀里多尼亚，那是澳大利亚东部海上漂浮的岛，长期以来一直是法国的殖民地。当地原住民领袖让——马里・吉巴乌因指挥民族独立运动而被暗杀，为了纪念他以及收集保存当地的生活习俗、丰富的技术、艺术，当地决定建设这个文化中心。

　　建筑通过研究原住民的居住小屋（"hut"），在森林中树立了10个体量（cases）。拥有圆形的平面和双层表皮的烟囱状的体量，是为了应对强劲

的东南风，促进建筑的自然换气，也植入了现代环境能源的技术。这是传统文化和现代科学技术的高度融合，是建筑结构创新工学的典型案例。

　　模型包括表现建筑与基地环境关系的1:1500的基地模型和1:50的建筑模型，同时表现了结构部分、维护部分以及三个剖面，展示了设计意图和工程技术。

东北大学大学院环境科学研究所生态实验室

Graduate School of Environmental Studies,Tohoku
University, Eco Labo

日本 宫城县仙台市 / 2010
建筑设计　佐佐木文彦
工程设计　山田宪明

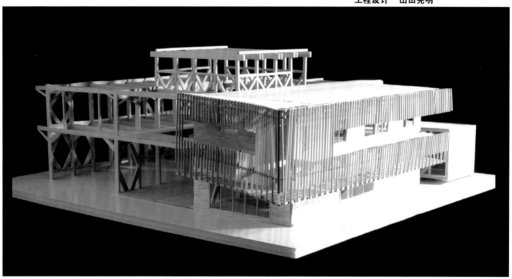

　　生态实验室是作为东北大学大学院环境科学研究科实施的"环境省生态屋示范项目"的模范而建造的木构研究和教育设施。方案选出后，建筑、结构、设备等各方面的设计者一起，对建筑的发展方向进行了激烈的讨论。建筑师提出"将大学的杉树作为结构材料而做到自产自销的极致"的想法，而结构工程师提出"采用标准尺寸的天然木材，不依赖承重墙体和金属连接件的简易组合框架"的建议，设计将这两方面结合起来。斜撑、立柱、双层梁等各种基本构件通过精心设计的卡口相叠，用面接触（wood touch）和螺栓等简单的方法联结。

　　3・11大地震时，校园内很多建筑都受到了破坏。生态实验室虽然摇摇晃晃，却连一块玻璃都没有损坏，成为大学震后救援的大本营，发挥了很大的作用。

环境板块

环境的 AND

环境和建筑的融合/ 生态建筑视野

环境时代追求的是创造与生态相融合的建筑与都市，创造与景观、微气候融合的建筑。或者说，建筑是做出景观，创造微气候，诱导舒适环境的装置。随着时间的流逝，建筑与景观的区别越来越小，从而诞生新的空间环境。

生态村

哲学家加塔利（Pierre-Félix Guattari）提出的三位一体（生态、社会、精神）的可持续社区成为世界的潮流。以创造农业、环境、建筑融合的生态村为目的，作为学习、交流和研究的场所，或者作为信息传播交流的场所，学生们自己参与创造了这个"校园生态村"。

低碳社会理想都市

特别委员会提出的"低碳排放社会理想都市"是对碳排放导致的温室效应、"后石油时代（post peak oil）"社会、少子化高龄社会和人口减少社会，由是对这些问题的解答。项目对日本国内五个城市的建筑群、城市形象、都市热环境模拟、生活方式以及政策提案进行了研究。

犬岛艺术计划（精炼所）

日本 广岛县犬岛 /2008
建筑设计 三分一博志

© 阿野太一

犬岛古时石矿产业十分发达，但1909年设立的铜精炼所运营仅10年之后就被迫关闭，之后的100年都无人问津。此项目是将废墟的结构、地形、开放空间、废弃物以及基础设施重新作为再生资源而加利用的提案。特别是当年造瓦用的精炼所烟囱群，作为犬岛最具个性的一景而被保留下来，并变为有效的资源。

因为犬岛全部是花岗岩，利用花岗岩的比热容，将精炼铜矿的副产物——炉渣砖和炉渣等，以及从海边收集的废弃物，分析其优秀的热特性，作为集热材和热传导材，制作成再生的地板和墙板。

本着"可以被再利用的现存地形和建筑的能源"，"可持续利用的天然资源与废弃物"，"新的便携的素材"等原则，方案重新考虑了建筑的尺度、容量及细部。遵从大自然绵绵不绝的循环再生的规律，将建筑的形态置于自然之中组合再生。

最终，形成了利用地热冷却的通路，利用太阳能采暖的画廊，利用太阳能和烟囱的浮力效果的动力大厅和中心经环境调整的主要大厅。这四个空间由植被和水循环的景观构成。

浜松 Sala
Hamamatsu Sala

日本 静冈县浜松市 / 1981（改造 2010）
建筑设计　青木茂
工程设计　金箱温春

　　浜松Sala是已故建筑师黑川纪章在1981年设计的，在29年之后重新改造为商业综合体。改造中根据新的抗震规定进行了抗震增强设计，对原先的平面布局和设备也进行了大规模的改造。其中抗震增强设计是从外部将钢斜撑像绳子一样卷在建筑外面，属世界上首例"螺旋斜撑带"（spiral braced belt）抗震增强设计。出于耐候的考虑，斜撑外覆盖了玻璃，建筑整体也用热浸镀锌钢板（galvalume）包裹保护了原来的混凝土。这个原有建筑与外立面之间的空腔能提高保温性，同时增强空调效果节省能源，减少二氧化碳排放。金属板外壁是根据使星球诞生的气体分子，以层状气体分子包裹住地球的概念设计的，表现出想要把这份光辉永远传承下去的意愿。这也与业主气体能源公司的形象相符。内部各个房间之间由玻璃幕墙隔开，新设了通高空间，创造出平面和视觉上都十分广阔的空间感受，开放而灵活的空间也能应对将来的变化。重建了原有建筑两侧的幕墙和十分体现概念的室外楼梯，以示这是对黑川纪章留存的现代建筑的改造设计。

1. 解体

· 建造 28 年
· 根据旧抗震要求建造，抗震性能差
· 结构与功能上不要的墙壁、窗框解体

2. 外部补强

· 一边保持办公楼的功能，一边对可能的外墙补强
· 世界上第一个使用"螺旋斜撑带"的补强工程

3. 内部补强

· 开口闭锁补强，浇筑补强，抗震斜撑相互平衡设置

内部补强。
根据改造后的功能要求，为了确保建筑的耐久力，室内也设置了斜撑。
混凝土的浇筑补强，与开口闭锁相组合，在必要的地方进行。

5. 完成

4. 外装

· 外观的刷新
· 为了防止躯体裂化，建筑用金属板包装

抗震补强的框架带。
抗震补强的带状框架形成了从未有过的新的抗震补强外观。

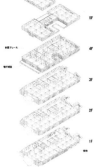

外部框架补强。
不妨碍建筑的使用的补强方法。

补强框架伸出建筑之外，在不妨碍底层正面入口的同时，形成从未有过的框架补强带的外观。

补强图示

螺旋斜撑带补强

都市与人口
PopulouSCAPE

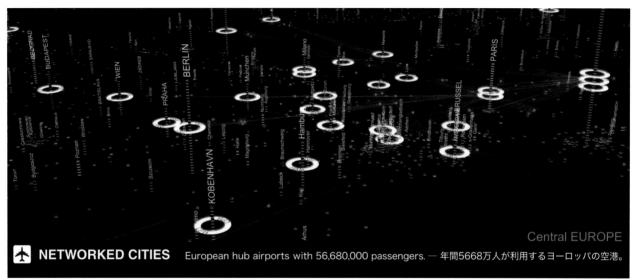

© 太田浩史

2008年，世界人口为65亿，其中的32亿人住在城市里。约有10亿人居住在发展中国家的贫民窟里，5亿人居住在要倒塌的危房中。人口急速增长的社会中，人们能去的只有城市，以发展中国家为中心，城市人口以每天17万的速度增长。也就是说，一周就新建一个100万人的城市。我们生活在一个从未有过的都市化的时代。

"人口视野"（PopulouSCAPE）描述的正是这种疯狂的都市化的情况。这个2002年的作品以人口之塔为出发点，将都市人口视觉化。作品中置入了人口的增加、飞行航线的网络、互联网等数据，在作品的第三版，更是导入了影像和连动的音乐。窗户里没有灯光的都市、建设中的大楼到处都有。虽然这些数据还很不足，但为了透过都市化的风景看到我们自己的身影，这项工作还是要继续进行。

轻型结构
Light-weight Structures

这个部分是关于近些年新成立的"轻型结构设计"专业。德国结构界领军者——J.Schlaich Dr.Ing团队（简称sbp）在这个领域硕果累累，我们从他们涉猎广泛的作品当中，特别是与AND展览志趣相同的作品中甄选了20多个，以海报的形式，部分辅以结构的组合模型进行介绍。这里的海报是2003年德国建筑博物馆举办的展览"轻型结构"（Light Structure）原版，重新编辑后作为AND展的重要展品。

AND 展共有八个主要的展览主题，其中一个就是"轻型结构"，独立展示。通过sbp的作品，我们了解到最新的科学技术结构工学，这也是预想未来发展的契机。作品分五个主题，分别以关键词进行展示，包括轻型结构是什么，为什么，用怎样的结构建造等，从而帮助参观者加深理解。由sbp提供原稿，根据AND展重新编辑，总计30多个作品，在这个部分展示了全部资料。

本次海报展"J.Schlaich"由DAM 企划展当时的馆长Dr.Annette Bogle（现柏林工大）协助完成，在此对他致以诚挚的感谢。

斯图加特瞭望塔
Killesberg Tower

德国 斯图加特 /2001
建筑设计／工程设计　耶尔格·施莱希（Jörg Schlaich）

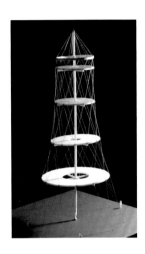

　　1991年，斯图加特国际园博会举行了望塔的竞赛，最终选出施莱希团队的方案，却因为经济原因难产，最后实现已经是10年之后了。

　　34米高的瞭望塔站立在山丘上，尽览从市中心到斯图加特山丘之间的景色。瞭望塔分为四段，配置了相连的两个螺旋楼梯（从一边上，另一边下），人们能在上下塔楼的同时愉快地展望360°的景色。

　　各个展望台由手指宽度的48个垂直绳索和斜交绳索共同支撑。绳索网总高41米，由中央的桅杆吊挂，同时补充中央过细的桅杆的弯曲强度。顶部的压缩环和圆形基础之间形成的绳索网，对其施加整体荷载所需的预应力。中央的桅杆从端部的球形基座开始，每个细部设计都十分精致紧凑。

慕尼黑玻璃桥
Visitors Bridge, Deutsches Museum

德国 慕尼黑 /1998
建筑设计／工程设计　约尔格·施莱希（Jörg Schlaich）

　　一道优雅的动态的曲线桁架，跨越缓缓流动的运河，连接运河两侧的小道，形态如同特技，却又极度合理而美丽，深深地打动了每一个经过的人。这个桥就是Kelheim步行桥。

　　结构系统包括一根支柱和曲线桁架，在此之上展开各种变化。慕尼黑博物馆里也有这座玻璃桥的大模型，结构原理相同。这既是结构模型，又是艺术装置。通过绳索实现桥的平衡，绳索的用法不可思议，由于地板全部使用玻璃，简洁的细部一览无遗。此外，桥上步行导致的震动，支柱上增加的垂直力都被清晰地表示出来。

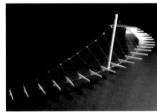

建筑创新工学设计的展开

斋藤公男（结构专家．日本建筑学会会长）

最近，"世界遗产"一词非常流行。不仅仅是电视节目，世界遗产观光旅游也极其盛行，在日本也有许多地方被推荐录进世界遗产。

最开始是60年代的阿斯旺水库大坝建设。是由联合国教育科学文化机关组织（创设于1945年）发起的国际舆论活动，为了保护面临被水淹没危机的努比亚遗址，。

1972年的联合国教科文组织大会（巴黎·第17次会议）一致通过了《"世界遗产条约"》。过去被认为是相对关系的文化遗产和自然遗产之间其实存在着密切的联系，两者的保护同样重要，可以说是用同一思想将过去和现在联系起来。截至2007年3月，世界总数为830个，意大利有41个列第一，日本有13个列第15位。世界遗产的收录标准，文化遗产有六条，自然遗产有四条，满足一条以上就可以收录，而同时符合两个标准的复合世界遗产有24个。文化与自然价值均具备的复合遗产中，首推空中城市·马丘比丘，它可以说是世界遗产的象征。

访问位于安第斯山脉深处的马丘比丘是25年前的事情。在劲风的吹拂下，自然与文化融为一体，十分壮观。背靠着大山眼望印加帝国的遗址，吸吮着美丽的空气。不久，就会把关注转移到支撑着风景的技术上：神殿、牢狱、宫殿、作业场所、住宅、集会场所、广场、打水场、值班岗哨、大门，还有在悬崖峭壁处开垦的梯田。在堡垒处依稀可见的精致而不可思议的造石技术，令人难以置信的给水技术。建筑和技术完美的结合，可以看出世界遗产的有趣是与众不同的。海拔2 500米高度上残留的古代遗址的景象，向谜一般的高科技自立城市变迁着。

然而，一提到石头、水、街道这样的关键词，就会浮现出嘉德水道桥和阿尔贝罗洛的trulli石顶屋等充满魅力的世界遗产。日本的木结构技术创造了巨大的文化遗产，还有那个时代，或者说是那个时代的人类情感与睿智的结晶。以过去的经验为基础，凭借科学和工学创造出新事物，这就是技术。这就是匠的世界，也就是所说的"工程技术比自然科学更接近艺术"的原点。

古代文化遗产和当今优秀建筑的共通之处不就是工程技术·设计（E·D）的视点吗？"把美丽的东西合理化"或者说"把合理的美丽化"，这是人类制造所有产品的基本理念，自然界中也能类推出相似的结论。

工业设计（ID）的思想和手法，在建筑世界原本照搬是行不通的。所说的多样性、个别性、即时性的诸项条件，与一般的工程技术相比的确有相当大的困难。如何实现意象（追求的效果）的同时，引出科学技术潜在的可能性，是当今所强烈追求的。

这样的观点再次确定，在思考今后的"21世纪的建筑"上，一定会得到什么启发。今年秋天，计划举办的"AND设计展2008"（10.17-28，建筑会馆）的意图也正在于此。

不仅仅是结构，把支撑环境、城市、居住的设计（architecture）及生产的工程技术设计（engineering design）称作archineering design，是想重新审视Art、Architecture、Engineering三者的关系。迄今为止，根据各个历史发展进程和对当今状况的展望，我们探寻成熟的科学技术与设计的方向，想向市民们传播建筑的趣味性和重要性，并且与下一代的工程师共同肩负着责任与自豪感，共同担负起世界的结构。

展览会的主角是"模型"，制作者是学生们，从古代到最先进的许多项目会聚一堂，通过对其结构的分析解剖，以此让从孩子到专家的更多市民高兴地参与进来，成为人们对未来建筑世界遗产思考的场所。

我深深感到，有着这样共同的期待并喜爱建筑的人们所组成的光环，在这个秋天又扩大了一些。

（新建筑·2008.9）

可开启穹顶
Hamamatsu Sala

日本 静冈县浜松市 / 1981（改造 2010）
建筑设计　青木茂
工程设计　金箱温春

富勒很早就开始对可开启结构抱有兴趣。

这个小型的可折的系统，施工性、搬运性、收纳性都十分优异。在紧急情况发生时，可以作为临时的建筑空间，还可以用于人造卫星的太阳能板之类的宇宙构造物，是有着广泛实用性的结构系统。

本次展览展示的是可开启穹顶结构的简单原理模型。关键词是剪刀和绳子。根据剪刀的原理改变穹顶的姿态，通过打结的张力自我稳定。所有的材料相连，从而传递运动。乍看之下非常复杂的系统，却是由非常简单的要素组成的。

肥皂膜实验

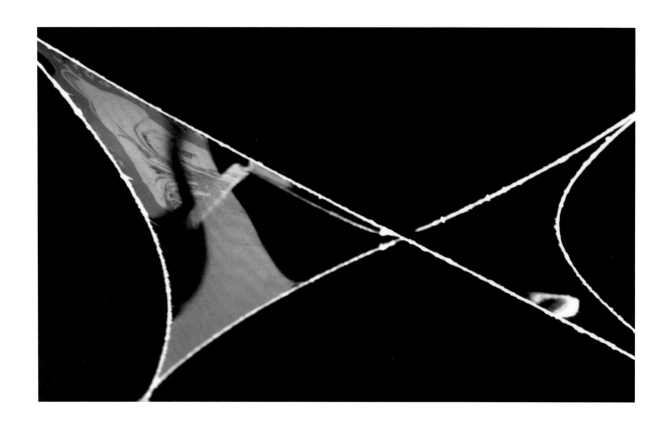

肥皂膜在特定条件下，膜会使面积尽可能小地张开。用针、手指、绳子、板、小棍等张开肥皂膜的话，会形成各种形状。但无论如何，膜的面积都会尽可能小。这次展示的慕尼黑奥运会体育馆和科隆舞蹈场也是通过这个实验来决定形态的。

来自 3·11 的信息——过去　1923 年 9 月 1 日，发生了震源位于神奈川县相模湾北西冲的 7.9 级关东大地震。1995 年 1 月 17 日，发生了震源位于兵库县淡路岛北部的 7.3 级阪神大地震。直到今天，日本在遭受了许多大地震的同时，建筑与建筑的历史都在进步。在这里介绍一下灾后复兴过程中可以看见的建筑的姿态。

同润会公寓

日本 东京都神奈川县 /1926—1934

　　在关东大地震中，都市中的木构建筑被大量烧毁，此后日本政府开始规定用不可燃的材料——钢筋混凝土建造集合住宅，在此前日本几乎没有用混凝土造过房子。1924 年，日本国内外募集了许多重建的基金"义损金"，内务省也设立了财团法人同润会，内田祥三和池田宏、佐野利器这些建筑师和城市规划师担任理事和评议员。同润会以为城市中产阶级提供良好的公寓为目标，在东京和横滨各地建设了 15 个小区，2 500 户的钢筋混凝土集合住宅。

　　特别是沿着表参道建造的青山公寓（1927），在震灾复兴以后，形成了绿色覆盖的丰富的都市景观，直到 2003 年被拆除前，一直深受很多人的喜爱。

"全坏" House

日本 兵库县宝塚室 /1997
建筑设计 宫本佳明

　　这是针对在阪神淡路大地震中，被鉴定为"全坏"的长屋的修复项目。保留现有的木构部分，用钢材组成新的梁柱，从本质上得到补强，从而提升长屋整体的抗震性。

　　地震后日本迅速推广了公费解体制度，但由于公费修缮制度没有同时完善，公费解体制度实际上仅仅发挥了解体指导的作用。从结果来看，受灾地中最经济有效的"修缮"工作被放弃了。被鉴定为"全坏"即意味着建筑将被政府拆除，"全坏" House 是建筑师根据实际的修缮计划而提出的质疑。同时，这个建筑还提示着我们，即使不具有特别的文化价值，建筑还有作为记忆的容器这一层意义。

复兴小学校

日本 东京 /1923—1932

　　在关东大地震中，东京市的小学校遭受了巨大的损害，196所学校中有117所倒塌，剩下的都烧毁了。作为复兴帝都事业中的一环，新建的校舍都用钢筋混凝土再造。由东京市一揽子设计，先进的设备，崭新的设计，是基于城市规划观点的建筑设计。设计采用了当时欧洲流行的表现主义，多使用曲线和曲面。被选为东京都历史建筑的泰明小学校，现在依然在使用。后来的四谷第五小学校和高轮台小学校都是以同样的方式设计建造。四谷第五小学校由DOCOMOMO选出，现在作为艺术项目的事务所使用。

纸的教堂

日本 兵库县神户市 /1995
建筑设计　坂茂 / **工程设计　松井源吾**

　　在阪神淡路大地震中，当地教堂的耶稣像和祭祀馆被烧毁了。在其基地上，新建了作为当地社区大厅的纸的建筑。由于造价低，加工简单，结构柱的材料采用了纸管。建材由各个企业捐赠，由160名志愿者花费五周时间建成。10年后，迁往了与神户同样遭受了地震灾害的台湾，作为当地的社区中心重新使用。

芦屋川左岸堆积体

日本 兵库县芦屋市 /1995
建筑设计 宫本佳明

　　在阪神淡路大地震中受灾的芦屋市，将瓦砾、混凝土和残土之类的建筑废墟材料，沿着贯穿了芦屋市的芦屋川左岸，堆砌了全长2.5公里的自然堤坝。为了保留地震的记忆，我们提出了建造将山与海相连的纪念碑的提案。

　　将瓦砾作为形成地形的材料，并不是一个全新的提案。比如，圣彼得堡就是1666年伦敦大火中的瓦砾，运送到河口的沼泽地中铺设建造而成的都市。瓦砾承载着人们的思念，在下一个地址重新建造，完成新的使命。

来自 3 · 11 的信息——现在　2011 年 3 月 11 日 14 点 46 分，震源为宫城县男鹿半岛的东南 130 公里的海底发生了九级的东日本大地震。震源地域波及从岩手县到茨城县的南北 500 公里，东西 200 公里的广大区域。地震引发了波高 10 米，最大逆流高 40.5 米的大海啸，带来了巨大的灾害。同时，东京电力福岛第一核电站由于丧失了全部电力，原子炉无法冷却，流出大量的放射性物质，发展成了重大的核事故。

避难所用分隔系统

2011
建筑设计　坂茂

　　在入住临时住宅之前，避难的人们在体育馆之类的大空间中居住，数月间生活在没有私密性的状态下，这样很容易引发精神和身体上的问题。为了减轻避难人群的精神负担，我们提出了像家庭生活的简单的空间分隔系统，免费制作提供给灾区。

　　这个分隔系统不需要胶合板的交接或者绳子的交叉，短时间内就能组装完成，分割的间距也能自由调整。岩手县、宫城县与福岛县约有50处体育馆之类的避难所，总共设置了1 872个单元。比起用毛毯和衣服分割，这样的统一设计会像建筑一样让人获得安稳的感受。

Zenkon 汤

2011
建筑设计　斋藤正

　　在受灾地，为了防止传染疾病之类的二次灾害，入浴设施的配置是当务之急，不仅是身体，精神上的照顾也是很重要的。因此，在各地设置了一次可以六人使用的简易的临时澡堂，受灾地的废材也可以作为燃料再利用。

　　由木制的框架和铁制的洗澡锅、铁桶锅、泄水板构成，设计图在网络上开源共享，任何人都可以自行制作。

番屋

宫城县南三路町 ／2011
建筑设计　竹内泰

　　番屋位于在海啸灾害中遭受到毁灭性打击的南三陆町的志津川渔港，于 5月7日（地震后不到两个月）建成，作为产业复兴的设施和渔夫工作的小屋。设计由地元大学的学生完成，施工也是学生和当地渔夫共同协作完成的。它是在渔协的基地上建造的临时建筑，是使用无偿提供的木材建造的木构平屋。

　　现在，番屋被用作会议空间和收纳渔具的仓库，外立面上描绘着给利用者的图示和说明。

复兴的箱船 竹之会所

日本 宫城县气仙沼市 2011
建筑设计 / 工程设计　陶器浩一

　　由年轻人和当地居民合力建造，可以一同探讨未来的集会所，就像承载着地区复兴的箱船一样。使用周边生长的竹子，通过细长的丸竹弯曲架构而成。活用竹子的特性，不用复杂的组合或者加工就能形成大空间的覆盖。

　　由于竹子能够靠人力弯曲，建设是通过学生们的手，将竹子弯曲成拱的效果，从而实现大跨度。竹拱呈漩涡状布置，形成连续一体的大型内部空间，让人们得以聚集于此，形成可以相互倾诉的场所。此外，还设计了能眺望远处海景的开口，可以用作内外连续的大型剧场。

临时居住之轮

　　如今网络上已经出现了活用现有闲置的空间，不用花费租金和搬家费的临时居所的网络搜索和平台服务。

　　这项工作将想要忘记地震，踏出下一步人生的人，和想要支持他们的人联系起来目标是通过安全的网络，为受灾者提供民间的住宅市场以及作为第三选择的住宅支援，如寄居家庭、租赁住宅、企业宿舍和社会住宅，甚至住宿酒店，为他们提供下一步生活的基础和机会。其结果是不仅为受灾者提供了物理的空间，还促进了他们和志愿者的交流。

Archiaid

Archi+Aid
Relief and Recovery by Architects
for Tohoku Earthquake and Tsunami

Archi+Aid
Relief and Recovery by Architects
for Tohoku Earthquake and Tsunami

　　由建筑师成立的支持复兴的网络。活动的目标是早日修复受灾地的建筑教育环境，在接下来长时间的复兴活动中，发挥建筑学生的责任与作用。在国内外的建筑师们来受灾地访问、志愿活动的时候，受灾地的建筑教育机关就发挥了平台作用，让当地的学生们将接下来的复兴支援活动作为自身建筑实践的场所。

　　2011年7月，从日本全国而来的建筑系研究人员共计15队，27名建筑师和100名学生，在宫城县石卷市牡鹿半岛的30浜，举办了研究工作室，聆听当地居民的声音，记录当地集落的调查和未来复兴的展望，成果作为重要资料将在未来作为实际复兴计划的参考。

来自 3・11 的信息——未来 地震以后过了半年，真正的复兴才刚刚开始。福岛第一核电站的事故还没有从本质上得到解决。在这样的情况下，针对复兴的各种想法已经开始了。在这里介绍建筑师发表的复兴提案。从当地人的想法到实践中看到的东西，有各种各规模和方向。如何对应这个从未有过

熊本的 Artpolis 东北支援——大家的家

日本 宫城县仙台市 /2011
建筑设计　伊东丰雄 + 桂英昭 + 末广香织 + 曾我部昌史

　　地震之后半年，受灾地的人们还住在条件恶劣的临时住宅中。虽然有了预制装配式的集会所，却很难说能让避难生活者们心情舒畅地生活。我们想提供一个能让大家聚在一起，轻松聊天的场所，由此产生浴室"大家的家"的构想。作为这个组织最初的项目，熊本的"Artpolis 东北支援——大家的家"正在进行中。使用熊本的木材建造的10坪大小的"大家的家"，将捐赠给仙台市宫城野区的临时住宅地。这个项目是Artpolis 的委员伊东和Arthouse 的桂、末广、曾我部共同设计的。2011年9月13日开工，10月中旬完成。我们期望它不仅仅是居民们聚集休憩的场所，也是大家一同考虑如何建设新的城市的场所。

小型福岛

日本 玉县熊本市 /2011
建筑设计　藤村龙至

　　由于核事故政府指定的避难区域，共八万人需要迁入新的城市。新城将会建于福岛西南方向的角落。适用于郊外住宅地的标准人口密度（100人/公顷），供八万人居住的城市需要8平方公里的基地。熊谷市郊外的平地上，需要九个1平方公里的地块——一个3公里见方的都市计划。面向福岛的方向（东北=丑寅的方向）的轴线上配置了广场"丑寅之森"，每年3月11日，人们为了镇魂聚集在此，向故乡祈祷祝福。地震后钢筋混凝土建造的小学和医院留了下来，作为避难所使用。地区中的公共设施不论是功能上还是作为象征都需要加以重视。为了灵活使用市中心空旷的土地，都市空间以经济圈为单元，必须具有独立的结构。

向 1000 年前学习，回归居住，不可忘

2011
建筑设计　塚本由晴

　　东日本大地震的海啸可以说是千年一遇，因此要复原的并非近代以来的100年，借助1000年来的智慧必不可少。世界遗产当中具有丰富的人类学的智慧，我们可以从中找到很多城市类型，帮助复兴被海啸破坏的城市，抚平海啸带来的伤害。

　　杜布罗夫尼克城是用墙壁围合的港口，姬路城是停车场、市场、水产设施、学校、政府、住宅层叠而成的现代城，维琪奥桥使用石头砌成的商店街，金字塔可以作为平息福岛的石棺。将盐渍的土地松土，脱盐之后进行植物的再生。更重要的是，回到原来的地方居住，以及不要忘记海啸。当小孩子们向大人们询问"为什么我们的街道会是这样的呢"的时候，我希望每天生活的空间能成为这些记忆的装置。

的灾害并没有标准答案。但是，一直持续下去的复兴之路，在这么多人的智慧和力量的帮助下，正在一点点地实际地建构。每个人都是复兴的参与者。

东日本大地震都市复兴模型计划

日本 岩手县宫古市 /2011
建筑设计　伊泽岬

以岩手县宫古市田老地区为案例研究的复兴都市的模型计划。与日本制定的复兴方针"向高地转移、在海边的渔港/水产公司通勤、生态城市"相对，提案是建设作为都市基础设施的桥梁和回廊的防灾/福利综合设施，受灾的浸水地上铺设太阳能板，打造利用自然能源的环境友好都市。

作为世界遗产的严岛神社，每年都会遭受多次台风和潮水，却依然保持了自身的品质与风格。基于严岛神社的工学分析，提出了躲避自然威力的设计方法。与其用强固的堤坝完全抑制海啸，不如充分考虑海啸流过的路径，设计躲避型防灾基础设施。实现非常时期能直面灾难、逃脱灾难，并能重新建造的结构系统。

竹中环境竞赛

2011
建筑设计 / 工程设计　竹中工务店

以"东日本大地震后的今天，我们能够提出的方案和建议"为题的优秀作品的介绍。

以下是冈田晓子的"与小孩子一起建筑的城市"：

跨越20年的复兴，小孩子们才是主角。这是给予他们朝气，促进其成长的计划。城市的复兴不仅仅是房子的建造，更重要的是要重新取得希望，继续向前生活。提案是让小孩子参与长期的复兴计划，将促进多样成长的"小孩子参与复兴教学计划"引入受灾地的学校。

森林和海洋之间

建筑设计　北原祥三

海啸流过的流域作为21世纪自然共生群的反思。并非将失去的东西再生，而是将场所中剩下的力量（森林，海洋，人的行为）交织在一起，形成新的人和自然的柔和关系。提案是通过森林和海洋之间的关系性，产生21世纪的新的山林风景。

斧石桑田书店
"Hon no ba" Project

日本 岩手县斧石市 /2013
建筑设计　杉浦久子

杉浦久子研究室从2011年开始，创作了"书的交换"的空间。在东京（涩谷站）以促进新的交流活动为目的开始的"书的交换"计划，以东日本大地震为契机，将东京和斧石联系在了一起。这个展览包括在受灾地斧石的桑田书店举办的"Hon no ba计划"，以及在东京举行的游戏活动（Play Event），并制作了1:6的受灾书店的模型。现在的斧石，在清理了被破坏的建筑和瓦砾之后，已经是一片空地。在这样的景色当中，桑田书店凛然而立。这个清晰地留下了海啸印记的建筑，主体结构奇迹般地没有受到损害。它保留了3·11和斧石的记忆，以及海啸的破坏力等信息。通过实地测绘，制作了1:6的模型，希望能将这些信息流传下去。

桑田书店创建于1935年，1995年新建成二层的钢结构建筑，为斧石市最大的书店。一层62平米是书店，二层是大厅和休息室。现在书店依然在临时建筑中保持运营。

整体张拉之花 A
Tensegrity Flower Type A

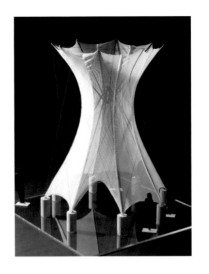

　　作品是由整体张拉（tensegrity）和悬挂（suspension）膜两种不同的拉力系统合力形成。由八根铝管组成的上下两个伞体，顶点之间用线相接，再在外围用拉索固定。从顶部向底部张开的膜曲面，通过形态抵抗承受风荷载。出于安全的考虑，设计成可以瞬间叠加的结构。不论何时何地，任何人都可以自行组装这个临时空间。

整体张拉之花 B
Tensegrity Flower Type B

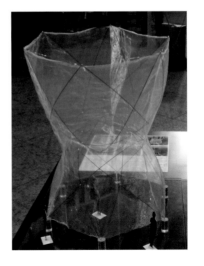
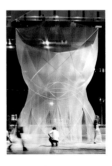

　　日本的气候状况，一年之中，时时刻刻都在发生剧烈的变化。日本的建筑自古以来就与周边环境的变化状态相适应，可以轻松搬运到不同的地方，建在各类场所。基于此，我们提出了即使人数很少，没有大型的施工设备也能轻松组合或解体的结构系统。
　　本次制作的临时建筑，结合结构专业的解析，环境专业通过对热和风的模拟，有效地利用电脑，从设计的开始阶段就紧密合作，实现了可以满足各种建筑性能要求的设计。

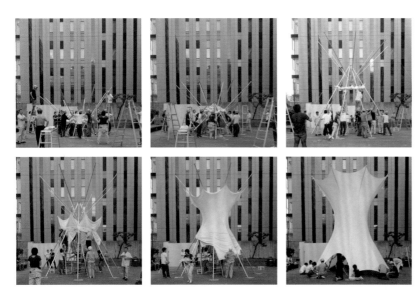

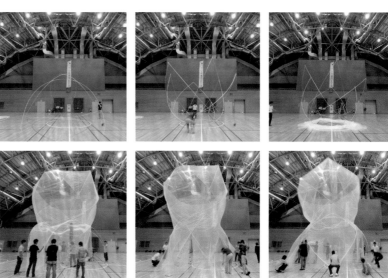

竹之会所

日本 宫城县气仙沼市 /2011
建筑设计 / 工程设计　陶器浩一 + 永井拓生 + 高桥和志

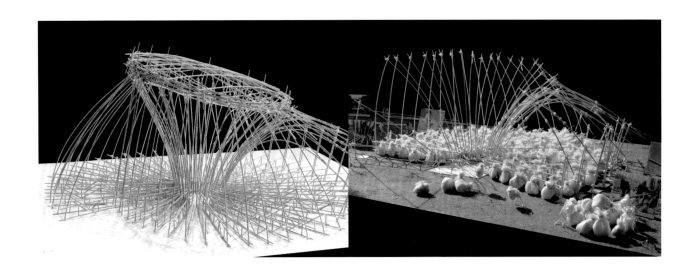

竹之会所位于气仙沼市本吉町，是通过使用当地生长的竹子，依靠学生们自己的力量建造的建筑。地震一个月后在受灾现场访问的时候，听说了当地人由于海啸失去了平时聚会的场所，于是决定建造这个项目。虽然既没有权力也没有力量，甚至连设备都是临时的，但学生们有精力，有朝气。我们希望通过学生们的合力为当地的人们做一点贡献。在9月、10月的总计28天中，共70名学生离开学校生活投身建设。施工完全是手工作业，难度极高。好不容易将骨架结构搭好了，却遭遇了台风袭击，刚刚搭好的骨架结构就这样被吹倒了。即便如此学生们也没有放弃。"即使一个人的力量很小，大家的力量合在一起就能成为很大的力量"。真切感到这一点的学生们，重新开始了施工。会所的维护也是以年轻人为主，举办了两年一次的当地小孩子的祭典。通过这个会所，将我们的想法与大家的想法合而为一，以此为气仙沼市的人们加油鼓劲。

钢板建筑
Iron Station

日本 宫城县气仙沼市 /2012
建筑设计 / 工程设计　陶器浩一 + 永井拓生 + 大西麻
贵 + 荣家志保 + 佐藤英治 + 高桥和志

　　基地位于宫城县气仙沼市本吉町海对面的国道沿线。虽然位于微微升起的台地之上，这个地区还是遭受了海啸的袭击。虽然行政上被指定为灾害危险区域，禁止建设新的住宅建筑，但是居民们仍然在这里生活与生产，依然活动在各类场所。该计划是修复遭受海啸的加油站办公室和食堂办公室，以及与当地生活紧密相关的集会场。通过当地的造船技术，柔和地使用高强度的"钢板建筑"，争取最快速度实现重建。通过激活钢这种材料的特性，形成连续的面构成的建筑整体和结构体。厚度6毫米的钢板弯曲而成的整体结构"monocoque"，其中一部分受到损害也不会影响到建筑的整体。仅仅由钢板弯曲形成简洁的结构，也可以缩短成本和施工时间。由钢板结构带来的强度和柔度，就像城市抗击灾害的力量。

　　对于受灾地区，从微观的视点来看城市规划，如果每一个小据点复兴的话，城市整体也能很自然地治愈和复兴。将一个一个小的羁绊联系起来，从而编织起小镇的未来。

陆前高田的"大家的家"
Home for All

日本 岩手县路前高田市 /2012
建筑设计　伊东丰雄 + 乾久美子 + 藤本壮介 + 平田晃久

　　路前高田市在东日本大地震的海啸中遭受了巨大的损害。"大家的家"为那些因海啸失去家的人们提供了一个聚会、聊天、喝酒吃饭的小小的休憩场所。

　　这个建筑是由伊东丰雄监督，三位建筑师（乾久美子、藤本壮介、平田晃久）和路前高田出生的摄影师岛山直哉合作完成的。设计通过和当地的人们交流，曲折推进才得以完成。坡屋顶像家一样的轮廓，形成箭塔一般的姿态，仿佛漂浮在树林之中——这些圆柱都是因海啸的盐灾而干枯的杉木。项目从设计到实现的整个过程，在第13届威尼斯双年展中展出。通过受灾地的这个计划，重新思索了近代以来的"个"（个体）的意义，得到了很高的评价，也借此获得了金狮奖。结构的节点用金属制成，各个位置上的尺寸不一的圆木材，是在工厂测量、加工之后，在现场一边调整一边组装建造的。可以说是在现代技术驱使下建造的极为原始的结构。

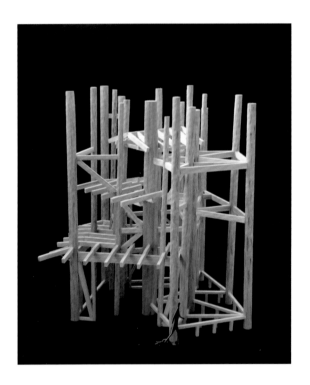

左图，顺时针：

•大家聚集的场所，2012年1月26日，陆前高田市高田町大石。现场指挥菅原美纪子小姐展示基地，从基地可以望见小镇。

•为什么在这个地方呢？2012年2月26日，陆前高田市高田町大石。菅原小姐在自己建造的帐篷中第一次演讲。

•为什么是这个形式？2012年8月7日，陆前高田与山车的对战非常有名，这天也是七夕祭的日子。

•威尼斯双年展，2012年8月29日，威尼斯双年展日本馆。来客都很投入地观看展览。

•成长与变化的场所，2012年11月19日，竣工后的"大家的家"内部。这并非这个家的完成形式，之后随着使用的进行建筑也会发生变化。

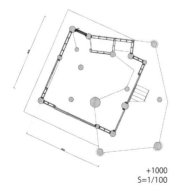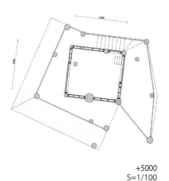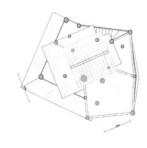

+1000
S=1/100

+5000
S=1/100

Roof
S=1/100

给小孩子的"大家的家"
Home for All

日本 宫城县东松岛市 /2013
建筑设计　伊东丰雄 + 大西麻贵
工程设计　新谷真人

　　给小孩子的"大家的家"是一幢小建筑，位于供600个家庭居住的临时住宅用地上。希望这个建筑能在临时居住的人们心里刻上温暖的记忆，成为像家一样轻松而又愉悦的场所。

　　这个"大家的家"是由特征鲜明的三个家集合而成的。第一个是可供大家聚集的，拥有巨大的脚炉的"桌子之家"；第二个是土间上有火炉的"温暖的家"；第三个是带有车轮的，可以变成各种各样的场所的"说话和演剧的家"。每个家的屋顶都使用了天然的石板瓦、木板、铝板等材料。个性鲜明又可爱，

小孩子们甚至给它们取了各种各样的外号。每个家面宽不一，与走廊相连。狭小的场所与宽阔的场所，明亮的场所与昏暗的场所……就像是小小的街道一样，诞生了各种场所空间。

　　由于工期很短，采用了配件工厂制作、现场组装的施工方法。

　　东松岛小孩子的"大家的家"由T Point Japan运营开展的"point service — T service"项目捐助建设。

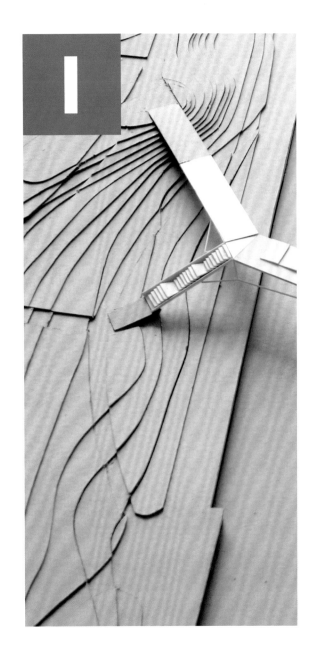

从装修回归的建筑——中国巡展案例
From Decoration Back to Architecture
Cases of Exhibitions Around China

曾几何时，建筑与结构开始形同陌路，毫不相干。

因为设计被选型所取代，

造就了雷同而无趣的结构与日新月异的造型之间，

横亘着巨大的鸿沟。

表皮越是标新立异，

就越发显示出结构的无奈与落寞。

于是装修的幽灵从室内的疆域中脱逸而出，

成为建筑造型的主宰。

当远离装修的建筑越发成为奢望之际，

结构的王者归来或许能够成为回归建筑之本的契机。

挣脱了装修的罩面，

真正的空间被激活。

充满着体验的能量，

散发着空间的魅力。

尽管充满着荆棘和艰难，

但愿星星之火可以照亮前方。

应县木塔

Ying Xian Country Wooden Tower

中国 山西 /1056

　　应县木塔即佛宫寺释迦塔，是中国辽代高层木结构佛塔，在山西省朔州市应县城内西北隅佛宫寺内。佛宫寺建于辽代，现存牌坊、钟鼓楼、大雄宝殿、配殿等均经明清改制，唯辽清宁二年（1056）建造的释迦塔巍然独存，后金明昌二至六年（1191-1195）曾予加固性补修，但原状未变，是世界上现存最古老最高大的全木结构高层塔式建筑。

　　木塔位于寺南北中轴线上的山门与大殿之间，属于前塔后殿的布局。塔建造在四米高的台基上，塔高67.31米，底层直径30.27米，呈平面八角形。第一层立面重檐，以上各层均为单檐，共五层六檐，各层间夹设暗层，实为九层。因底层为重檐并有回廊，故塔的外观为六层屋檐。

　　应县木塔的设计大胆继承了汉唐以来富有民族特点的重楼形式，充分利用传统建筑技巧，广泛采用斗拱结构，全塔共用斗拱54种，每个斗拱都有一定的组合形式，有的将梁、坊、柱结成一个整体，每层都形成了一个八边形中空结构层。

　　应县木塔与巴黎埃菲尔铁塔、比萨斜塔并称为世界三大奇塔。

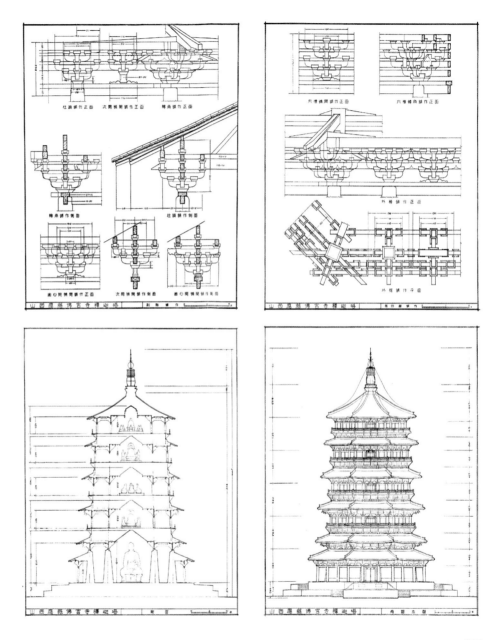

龙美术馆西岸馆
Long Museum West Bund

中国 上海 / 2014
建筑设计　大舍建筑设计事务所（Atelier Deshaus）
工程设计　同济大学建筑设计研究院（集团）有限公司

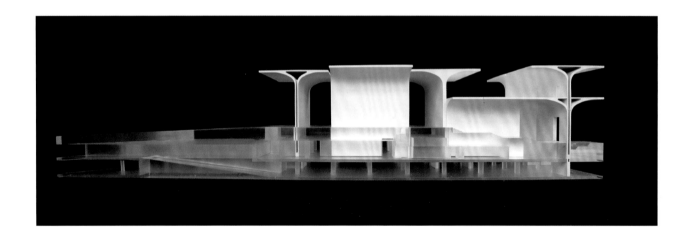

　　龙美术馆西岸馆场地为原北票码头的一部分，保留有许多工业遗迹，现场已完工的原本作为车库而设计的地下两层8.4米框架柱网成为结构的限制条件。新的美术馆结构采用清水混凝土独立墙体的"伞"形结构单元，化解了8.4米方格柱网带来的结构限制，将空间跨度延展至16.8米，在满足当代美术馆大空间的使用需求的同时，使结构形式与建筑空间高度融合。清水混凝土剪力墙沿纵横两个方向交替布置，两道200毫米厚的墙体插入地下室，夹住原有柱位向上升起，两道墙体之间为400毫米厚的空腔，在减轻结构自重的同时提供了管线敷设的设备空间，顶部伞状结构向两侧悬挑，悬挑板内设置预应力筋提高结构的承载能力并减小挠度。间隔2米、断面为200毫米 x 400 毫米的小梁令所有分离的独立伞体连接为一个结构整体。

悬臂梁弯矩图

伞体几何构型与弯矩图的吻合

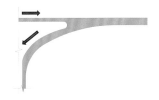

双向悬挑的相互平衡

伞体在水平荷载下及不对称垂直荷载作用下
的受力特点面内刚度极大,面外刚度偏小

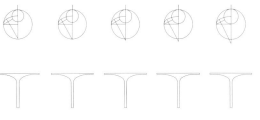

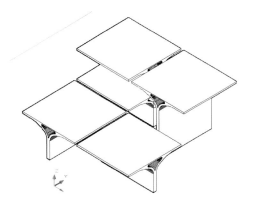

结合伞体侧向受力双向异性的特点,对伞体进
行正交组合,组合后结构双向受力均衡

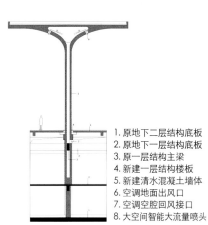

1. 原地下二层结构底板
2. 原地下一层结构底板
3. 原一层结构主梁
4. 新建一层结构楼板
5. 新建清水混凝土墙体
6. 空调地面出风口
7. 空调空腔回风接口
8. 大空间智能大流量喷头

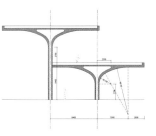

297

日晖港步行桥
Footbridge on Rihui River

中国 上海 /2014
建筑设计　大舍建筑设计事务所（Atelier Deshaus）
工程设计　大野博史 + 张准

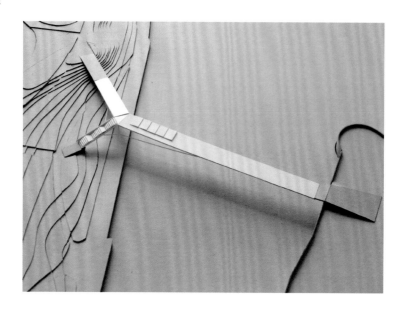

© 大舍

　　日晖港步行桥桥梁呈Y字形布局，连接两岸不同标高的人行道路，同时回应两岸空间尺度上的差异，在整合两岸人行流线的同时增添了通行的趣味性，与两岸景观共同塑造了独特的具有活力的场所。桥梁跨度70米，采用三段变截面钢箱梁桥段相互铰接支撑，并在桥段间设置拉索平衡基础侧推力的结构体系。箱梁截面呈变化的倒梯形，梯形高度由桥段中部向两端递减。桥段交接处的铰接处理使桥段端部的厚度很薄，让桥梁具有更为轻盈的视觉效果；拉索采用三叉式的处理，在提升索下通行净高的基础上，为沿江步道塑造了更好的通行与穿越感。

帐篷的简化

水平推力应对措施：增加拉索

"压扁"变形
由于"压扁"后矢高减小，水平推力显著提高

结合桥下通行功能要求对拉索形式进行变化设置侧向拉杆

结合梁的弯矩图确定桥体几何外形

结构简图

同济大学大礼堂
Tongji University Auditorium

中国 上海 /1962
建筑设计　黄家骅 + 胡纫茉
工程设计　俞载道 + 冯之椿

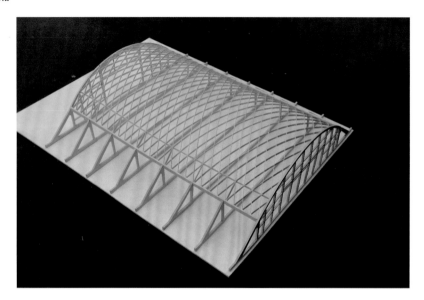

　　同济大学大礼堂设计于1959年。采用了装配整体式预制钢筋混凝土拱形联方网架薄壳结构，结构净跨40米，外跨54米。大礼堂结构大致可分为三角架基础、X形边梁和空间网架三部分。沿纵向每隔8米布置一个三角架来承受拱力。两个三角架之间放X形边梁来承受三角架之间的网片拱的拱力。第一道网架设置一道纵向网片，形成纵向连续桁架，减轻X形边梁负荷。

　　结构施工中充分利用了预制装配的优势，采用轻质的钢筋混凝土长方体杆件，节点处采用钢筋绑扎，并现浇混凝土连接。整体网架结构全部通过预制杆件的搭接形成菱形结构单元的重复，整个大厅内没有一根立柱，室内屋顶也采用结构露明的做法，建筑内外都表现了纯粹的结构形态，最终实现空间的覆盖，传力路线简单明了，给人以轻盈而秩序的感受，极富韵律感。

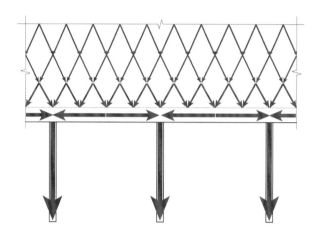

网架未加横向杆件的局部屋顶平面力流示意图

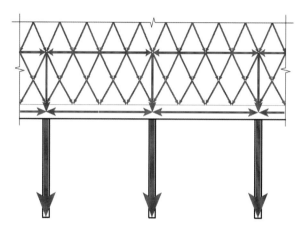

网架增加横向杆件形成十字交叉腹杆体系连续桁架时的局部屋顶平面力流示意图

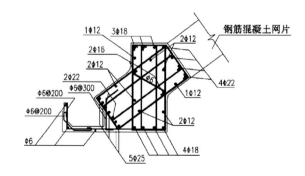

网片与边梁连接剖面

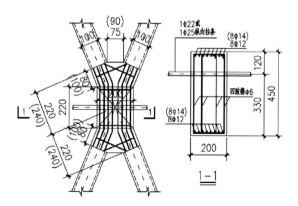

网片与网片连接

上海世博会中国国家馆

China Pavilion Expo 2010

中国 上海 /2010
建筑设计　何镜堂
工程设计　韦宏

　　国家馆采用钢筋混凝土筒体+组合楼盖结构体系。四个钢筋混凝土筒体结构的电梯间作为抗侧力结构。四个落地筒体除承担竖向荷载外，还承担风荷载及水平地震作用。依建筑的倒梯形造型，设置了20根800毫米×1500毫米的矩形钢管混凝土斜柱，为楼盖大跨度钢梁提供竖向支撑，使室内成为没有柱子的大空间。

　　底部架空，展区部分层叠出挑，利用楼、电梯间设置落地的混凝土筒体。利用建筑的倒梯形造型设置斜柱来给楼盖大跨度钢梁提供竖向支撑，加强了33.3米标高处的连梁和楼盖，使得由楼盖受压而不是剪力墙受剪来承担更多的斜柱引起的水平分力；计算表明斜柱的控制内力主要由竖向荷载引起，地震作用引起的内力相对较小，斜柱及其底部节点可达到中震弹性的要求。国家馆的结构布置、三根斜柱交汇处的节点做法、组合梁的起拱原则、内力较大处梁的做法等设计过程，对同类工程设计建造有很高的参考价值。

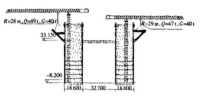

斜撑安装第一阶段示意图

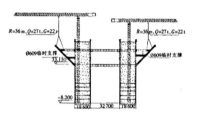

斜撑安装第二阶段示意图

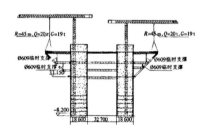

斜撑安装第三阶段示意图

天津大学新校区综合体育馆
Gymnasium & Natatorium of New Campus
of Tianjin University

中国 天津 / 2011 至今
建筑设计　李兴钢工作室（中国建筑设计院有限公司）
结构设计　任庆英工作室（中国建筑设计院有限公司）

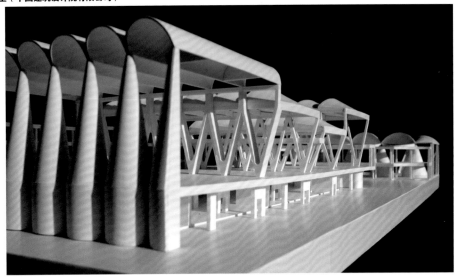

天津大学新校区主体分为体育馆、游泳馆和连廊三部分，由于各种运动场地对空间尺寸的不同要求，室内空间的高度各不相同，但其紧凑的排列，使各场馆可通过一个线性的公共空间串连为一个整体，不仅增强了整个建筑室内空间的开放性和运动的氛围，而且造就了建筑物错落多样的檐口高度，以及舒展的平面布局。大跨度连续的空间由多种结构形式按照一定的几何逻辑实现：不同高度的运动场馆覆盖若干独立而连续排列的屋盖单元，包括矢高3.25米的半圆形连续筒拱屋盖、直纹曲面屋盖、摆线锥形曲面屋盖，实现了有效的高侧窗采光效果；140米长的室内跑道局部大跨悬挑部分采用钢桁架结构，公共大厅采用矢高渐变的波浪形直纹曲面空心密肋屋盖；竖向构件包括弦长6.5米及9.75米的摆线锥形薄壁柱单元体、Y形柱，实现了从首层框架剪力墙向大跨度竖向支撑结构的过渡。上述结构构件室内一侧均外露木模混凝土结构本身，由小木模板错缝拼接形成表面肌理。

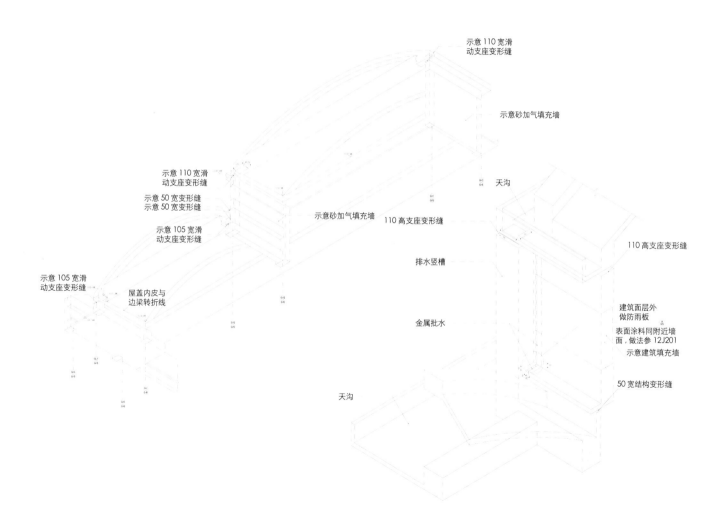

示意 110 宽滑
动支座变形缝

示意砂加气填充墙

示意 110 宽滑
动支座变形缝

天沟

示意 50 宽变形缝
示意 50 宽变形缝

示意砂加气填充墙

110 高支座变形缝

110 高支座变形缝

示意 105 宽滑
动支座变形缝

排水竖槽

示意 105 宽滑
动支座变形缝

屋盖内皮与
边梁转折线

金属批水

建筑面层外
做防雨板

表面涂料同附近墙
面，做法参 12J201

示意建筑填充墙

50 宽结构变形缝

天沟

海南国际会展中心
Hainan International Conference & Exhibition Center

中国 海南省海口市 /2011
建筑设计　李兴钢工作室（中国建筑设计院有限公司）
结构设计　任庆英工作室（中国建筑设计院有限公司）

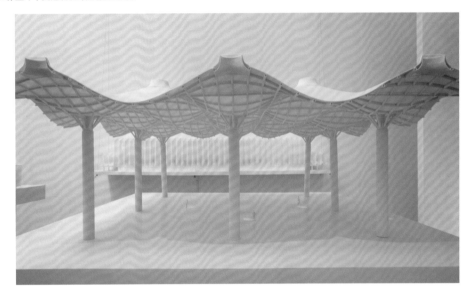

海南国际会展中心分为展览中心、会议中心，通过一个连续起伏的屋面，将其整合为一个巨大的完整体量。整个屋面分为正弦曲面的中央区域与直纹曲面的边缘区域。中央区域屋面以双向正弦曲线起伏波动，形成壳体，由上凸正壳和下凹反壳交替相连而成，正壳和反壳的平面单元投影呈11米×11米的方形，在下凹反壳的底部设柱，形成受力合理的薄拱壳单元，矢高为2米。网壳由等截面钢管密格式布置而成，节点均为十字正交，圆形钢管梁管径统一为325毫米，根据应力不同，壁厚从8～16毫米不等。下凹反壳的底部与柱相连，柱中设雨水管。上凸正壳顶部设圆形曲面天窗。因此，屋面壳体形态也充分回应了日光与雨水这两种重要的自然元素。边缘区域屋面结构为单向直纹曲面波浪形钢网架结构，与中央区域屋面的双向正弦曲线波浪形单层钢网壳结构相交接，交接处两部分曲率相同，过渡到檐部边缘，网架由波动起伏过渡为平直形态。

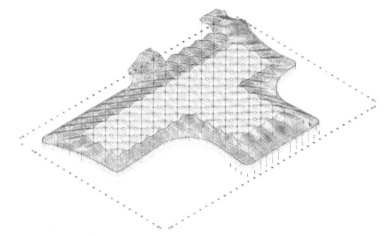

展览中心屋面结构三维模型

SAP 中单层钢网壳的应力比云图

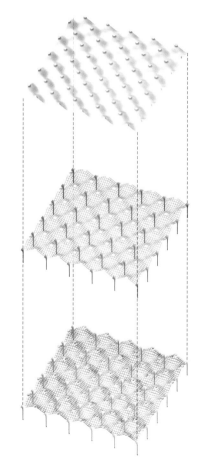

钢网壳结构体系分层轴测图

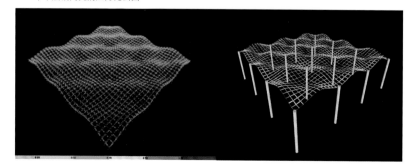

译后记暨鸣谢

在各种令人眼花缭乱的建筑艺术展充斥的当下，"Archi-neering Design"展或许并不起眼，甚至是有些简陋。跟那些动辄花费不菲的模型与展品相比，"Archi-neering Design"带给我们的仅仅是一些学生制作的模型。没有那些受到追捧的建筑明星们的压阵，"Archi-neering Design"展在平易近人的触手可及之余，却直击建筑学更本质的核心，进而来重新审视和思考建筑与结构的关系。"Archi-neering Design"展的目的显然并不在于博取参观者的眼球消费，而是展现充满魅力的技术途径。更为宝贵的是，对于几乎被形态游戏与装修美学所遮蔽视野的当代中国建筑而言，"Archi-neering Design"用纵横的时空维度，展示了建筑既非个人的醉心欲念，亦非虚妄的刻意掩饰。想象只有插上理性的翅膀，才能翱翔于创新的世界。

得益于日本建筑学会（AIJ）的全力支持，这本《建筑结构创新工学》能够囊括迄今为止历届"Archi-neering Design"展的几乎全部的图文资料。我们衷心地祝愿这本资料能够成为"Archi-neering Design"展的补充与拓展。

不得不花费一些笔墨的是，我们确实付出了巨大的时间与精力，这其中包括了自2014年10月中开始的为期一年的"Archi-neering Design中国巡回展"以及本书的翻译、编辑与制作。在此，我要向无私奉献的各位表达由衷的感激。

斋藤公男先生，是他对"Archi-neering Design"的执着和奉献感动了我。没有斋藤先生的推动，"Archi-neering Design"一定不会这么快进入我们的视野。仙田满先生与和田章先生，两位都是我在东京工业大学的老师，也都是日本建筑学会的前任会长，日本建筑学会对我们的全力支持离不开他们的推动。"Archi-neering Design"展的所有展品及布展，包括本书的版权等事宜，全部仰仗与日本大学的佐藤慎也副教授、宫里直人副教授以及日本建筑学会的三岛隆事务局长的工作与协助。作为本次"Archi-neering Design中国巡回展"的主办单位，同济大学陈以一常务副校长、同济大学建筑与城市规划学院李振宇院长、钱峰教授、卢永毅教授、王骏阳教授、周鸣浩讲师、徐静博士研究生，以及2011级大师班的全体学生，土木工程学院吴明儿教授、张天昊博士研究生，华南理工大学建筑学院孙一民副院长、肖毅强副院长、钟冠球讲师，华中科技大学建筑与城市规划学院李保峰教授、汪原教授、谭刚毅教授、周钰老师、王玺老师，东南大学建筑学院韩冬青院长、葛明副院长、王建国教授、唐芃副教授，南京大学建筑与城市规划学院丁沃沃院长、赵辰教授、傅筱教授，中国建筑设计研究总院崔恺院士、李兴钢总建筑师等，都为"Archi-neering Design"展作出了重要的贡献，在此一并致谢。

最后需要感谢是参与本书翻译的东京工业大学的硕士研究生傅艺博、解文静、陆少波以及同济大学的博士研究生张天昊，参与本书校译的东京工业大学的博士研究生平辉、硕士研究生吴雪琪和刘大禹，正是他们迅速且专业的翻译才使此书得以顺利出版。同济大学出版社的秦蕾和晁艳编辑一直以来为此书的出版给予了极大的宽容与非常专业的支持，特表致谢。

郭屹民
2015 年 2 月

图书在版编目（CIP）数据

建筑结构创新工学 / 日本建筑学会著；郭屹民等译
. -- 上海：同济大学出版社，2015.6
　书名原文：Archi-Neering design ten 2008
ISBN 978-7-5608-5810-4

Ⅰ . ①建… Ⅱ . ①日… ②郭… Ⅲ . ①建筑结构
Ⅳ . ① TU3

中国版本图书馆 CIP 数据核字 (2015) 第 068907 号

ARCHI-NEERING DESIGN　建筑结构创新工学
日本建筑学会 著
郭屹民 傅艺博 解文静 陆少波 张天昊 译

出品人：支文军
策划：秦蕾 / 群岛工作室
责任编辑：秦蕾
特约编辑：晃艳
责任校对：徐春莲
版式设计：李渔
装帧设计：左奎星
版 次：2015 年 6 月第 1 版
印 次：2015 年 6 月第 1 次印刷
印 刷：北京盛通商印快线网络科技有限公司
开 本：889mm × 1194mm　1/24
印 张：13
字 数：405 000
ISBN：978-7-5608-5810-4
定 价：69.00 元
出版发行：同济大学出版社
地 址：上海市杨浦区四平路 1239 号
邮政编码：200092
网 址：http://www.tongjipress.com.cn
经 销：全国各地新华书店
本书若有印刷质量问题，请向本社发行部调换。

Japanese title:

Archi-neering Design Ten 2008: Technology to Kensetsu Design no Yugoshinka

(Archi-neering Design Exhibition 2008: Fusion and Evolution of Technology and Construction Design)

By the Architectural Institute of Japan

Copyright©2008 by the Architectural Institute of Japan

Original Japanese edition published by the Architectural Institute of Japan

Chinese translation rights©2014 by Tongji University Press

Chinese translation rights arranged with the Architectural Institute of Japan

上架建议：建筑 结构
ISBN 978-7-5608-5810-4

9 787560 858104 >

定价：69.00元